环境规制与城市绿色发展

HUANJING GUIZHI YU CHENGSHI LÜ SE FAZHAN

周若蒙　著

中国农业出版社
北　京

图书在版编目（CIP）数据

环境规制与城市绿色发展 / 周若蒙著. -- 北京：
中国农业出版社，2024. 7. -- ISBN 978-7-109-32395-7

Ⅰ. X32；F299.21

中国国家版本馆 CIP 数据核字第 2024WN7467 号

中国农业出版社出版

地址：北京市朝阳区麦子店街 18 号楼
邮编：100125
责任编辑：边　疆
版式设计：王　晨　责任校对：吴丽婷
印刷：北京印刷集团有限责任公司
版次：2024 年 7 月第 1 版
印次：2024 年 7 月北京第 1 次印刷
发行：新华书店北京发行所
开本：700mm×1000mm　1/16
印张：12.5
字数：200 千字
定价：88.00 元

前　言

FOREWORD

　　城市中的经济活动正在破坏着城市生态环境，气候变化、温室气体排放、水源污染等问题困扰着城市的居民。我国自十七大报告首次提出生态文明的概念；十八大报告提出建设美丽中国的宏伟目标，指出生态文明建设的突出地位，梳理绿色发展理念；十九大报告强调加快生态文明体制改革，建设美丽中国；2020年提出"双碳"目标：我国为实现绿色可持续发展制定了一系列的规划纲要和战略目标。2023年，习近平总书记在全国生态环境保护大会上强调了要牢固树立和践行绿水青山就是金山银山的理念，把建设美丽中国摆在强国建设、民族复兴的突出位置，推动城乡人居环境明显改善、美丽中国建设取得显著成效，以高品质生态环境支撑高质量发展。如何推进城市生活方式的绿色化、城市发展方式的绿色化和城市生态环境的绿色化，做到赋予城市绿色底色，是未来我国城市发展的长期目标。

　　绿色全要素生产率（Green Total Factor Productivity，GTFP）的提升是我国迈向经济高质量发展阶段的关键因素。GTFP是考虑了环境制约因素后的全要素生产率。GTFP不仅包含了传统经济投入产出要素，还包含了绿色发展过程中资源环境方面的投入产出要素。城市作为我国现阶段经济活动和经济交易的中心，其GTFP值能够反映城市对绿色发展理念和生态文明建设的践行情况。城市GTFP的提升，有助于城市在经济增长的同时，实现生态环境优化的绿色发展目标。

　　环境规制，也称环境管制、环境管理。作为解决环境负外部性问题的重要工具，在当前实现绿色发展的政策要求背景下，环境规制政策的制定和实施会对城市GTFP产生重要影响。不同类型的环境规制工具具有不同的特点、传导机制和实施效果。目前，环境规制可以分为正式环境规制和非正式环境规制。正式环境规制主要包含命令控制型环境规制和市场激励型环境规制，非正式环境规制主要包含公众自愿型环境规制。因此，本书将环境规制分为命令控制型、市场激励型和自愿型三类，尝试探究异质型环境规制对 GTFP 的影响。

本书的第一章为导论，介绍了本书的研究背景、研究目的、研究内容和研究意义。第二章回顾并分析了有关环境规制、GTFP 以及环境规制对 GTFP 影响的现有研究文献。第三章介绍了有关环境规制和绿色发展的理论，并通过理论研究，归纳分析出环境规制影响 GTFP 的作用机制。第四章测算了中国城市 GTFP，并研究了其时空特征和演化规律。选取了中国地级及以上城市作为研究样本，运用 Super SBM - GML 模型，测算分析了中国城市 GTFP 水平、区域差异及其时空演化规律。第五章评估正式环境规制的政策效应。运用固定效应的线性面板回归模型和非线性面板回归模型研究了命令控制型和市场激励型环境规制对 GTFP 的影响。第六章研究了正式环境规制对 GTFP 影响的空间效应。运用空间计量模型研究了命令控制型和市场激励型环境规制对 GTFP 的空间溢出效应。第七章评估了非正式环境规制的政策效应。运用双重差分模型研究了自愿型环境规制对 GTFP 的影响。第八章总结得出了本书的研究结论，并根据环境规制的政策作用效果，分别针对我国整体城市 GTFP，以及分区域城市 GTFP 的现状、特点、存在的问题，提出环境规制政策组合选择的建议和意见。

本书研究表明：

第一，我国整体 GTFP 呈现上升态势。我国城市 GTFP 的年均值呈现出波动增长的趋势。绿色技术效率对我国城市 GTFP 提升的贡献较大，而绿色技术进步对我国城市 GTFP 提升的贡献较小。GTFP 的高值主要分布在东部沿海城市、省会城市、直辖市和经济特区。

第二，东部、中部、西部和东北地区的城市 GTFP 水平表现出明显的区域差异。东部地区城市的 GTFP 最高，中部次之，然后是西部，最后是东北地区。东部地区的 GTFP 增长的来源主要是绿色技术进步；中部地区早期的增长来源是绿色效率提高，后期的增长来源是绿色技术进步；而西部和东北地区的增长来源是绿色效率提升。

　　第三，异质型环境规制与 GTFP 之间的关系不同，并且具有区域差异。命令控制型环境规制对 GTFP 具有倒 U 形非线性影响。市场激励型环境规制对 GTFP 具有正 U 形非线性影响。东部地区的命令控制型环境规制对 GTFP 具有倒 U 形非线性影响，市场激励型环境规制对 GTFP 具有正向影响。中部地区的命令控制型环境规制对 GTFP 具有正向促进作用，市场激励型环境规制对 GTFP 具有正 U 形非线性影响。西部地区和东北地区的命令控制型环境规制都对 GTFP 具有正 U 形非线性影响，市场激励型环境规制对 GTFP 产生负向影响。

　　第四，异质型环境规制对 GTFP 的空间溢出效应不同，并且具有区域差异。对于不同类型的环境规制，命令控制型环境规制会对邻近城市的 GTFP 产生负向的空间溢出效应，而市场激励型环境规制会对邻近城市的 GTFP 产生正向的空间溢出效应。分区域研究发现，东部地区和中部地区的命令控制型环境规制和市场激励型环境规制对 GTFP 的影响都产生了正向空间溢出效应。西部地区的命令控制型环境规制会产生负向但不显著的空间溢出效应，市场激励型环境规制会产生正向但不显著的空间溢出效应。东北地区的命令控制型环境规制对 GTFP 产生负向但不显著的空间溢出效应，市场激励型环境规制存在负向空间溢出效应。

　　第五，自愿型环境规制可以促进 GTFP 的提升，并且对 GTFP 的影响效果存在区域差异。环境信息公开有助于 GTFP 的提升，但是在政策执行的第三年才会对 GTFP 产生显著的正向影响，具有时滞性。东部地区和中部地区的环境信息公开对 GTFP 具有显著正向影响，而在西部地区和东北地区的环境信息公开对 GTFP 的影响并不显著。

　　第六，通过对正式型环境规制中的命令控制型和市场激励型环境规制政策，以及非正式环境规制政策中的自愿型环境规制政策进行效应评估，发现强度适中的命令控制型环境规制、强度较高的市场激励型环境规制政策和自愿型环境规制政策都会对城市 GTFP 产生正向影响。考虑到区域异质性，建议东部地区今后以低强度命令控制型环境规制、高强度市场激励型环境规制和自愿型环境规制政策组合为主，中部地区以高强度命令控制型环境规制、低强度市场激励型环境规制和自愿型环境规制政策组合为主，西部地区以高强度命令控制型环境规制为主，东北地区也以高强度命令控制型环境规制为主，来提升区域内城市的 GTFP 水平。

与现有研究相比，本书的主要贡献有：首先，在现有研究基础之上，进一步优化了 GTFP 测度与评价的指标体系。本书在现有研究的基础上加入了资源环境投入指标，以及环境污染排放物等非期望产出指标。其次，扩展了研究对象。本书将地级市和直辖市作为研究对象的最小单元，从以往多数研究的国家级和省级层面，细化到了城市层面。再次，考虑了不同类型环境规制工具的影响效果。本书在将环境规制分成命令控制型、市场激励型和自愿型三个类型后，研究了异质型环境规制对 GTFP 的影响，从而得到对不同类型环境规制的政策建议。最后，探究了环境规制与 GTFP 的空间交互效应。本书从空间交互角度出发，采用地级及以上城市的面板数据，解决了现有文献中存在的地理单元尺度过大，样本数量不足的情况，探究了环境规制对 GTFP 影响的空间溢出效应。本书对我国城市的绿色发展和环境规制政策的精准选择具有一定的意义和价值。

著　者

2024 年 7 月

目 录 ///////////
CONTENTS

1 | 导　　论

1.1　研究背景与意义

1.1.1　研究背景

环境表现已经成为城市系统发展的一个驱动因素。在 20 世纪 60 年代到 70 年代，越来越多的科学证据表明经济活动的模式正带来严重的公共健康威胁，特别是有毒化学物质对大气和水的污染。1962 年，《寂静的春天》（Carson，1962）[1] 的出版，令公众逐渐开始关注环境污染问题。工业生产在促进城市经济增长的同时，由于资源消耗和污染物排放，也带来了破坏生态环境和损害居民健康的不利结果。因此，随着公众对环境保护的不断诉求，政府开始推动环境规制政策的实施（Angel，1998）[2]。

改革开放后我国经济增长速度飞快，GDP 的体量已经达到了世界第二，成为亚洲最大的经济体。但是在经济增长过程中，由于生产技术和治污技术不够环保和绿色，产生了资源消耗过度和污染物排放过量的严重问题，污染物的排放量也逐渐超过城市的环境承载能力。

2006 年，《国民经济和社会发展第十一个五年规划纲要》中首次提出将能源消耗、污染排放物等指标列入 GDP 考核的环境污染损失核算中。这意味着我国已经不再认可以牺牲环境来换取经济增长的粗放型经济发展模式，开始关注经济增长与环境保护的协调发展。党的十七大报告中首次提出"生态文明建设"，正式形成了社会主义生态文明观，提升了全社会对环境与经济、生态安全的关注度，推动建设资源节约型和环境友好型的城市发展模式。党的十八大以来，生态文明建设被纳入了我国"五位一体"总体布局之中，随着一系列的污染治理政策和污染防治计划的实施，我国加快了环境基础设施的建设，并提升了污染治理水平。随着绿色发展理念的提出，我国在可持续发展理论的基础上，在"十三五"期间逐步以生态文明建设为抓手，努力突破资源环境约束，建设绿色低碳循环的经济发展模式。

党的十九大以来，在习近平总书记的领导下，我国进一步推动生态文明建设体制改革，坚持"绿水青山就是金山银山"的生态发展理念。2020年，《国民经济和社会发展第十四个五年规划和2035年远景目标纲要》再次强调了要"推动绿色发展，促进人与自然和谐共生"，更具体和深入地提出了有关我国产业结构优化、生产方式向绿色低碳转型、应用绿色低碳技术设备、提升能源资源利用效率等的要求，促进我国实现发展方式全面绿色转型、经济绿色增长的目标。

2020年，中共中央办公厅、国务院办公厅印发了《关于构建现代环境治理体系的指导意见》，强调要牢固树立绿色发展理念，强化政府在环境治理中的主导作用，深化企业在环境治理中的主体作用，并动员社会组织和公众共同参与环境治理。提出了要完善环境保护的法律法规、完善环境保护标准、加强环境治理的财政投入、开展排污权交易、引导市场主体参与环境治理投资、提高公众环境保护素养和意识等一系列环境规制措施。同年，生态环境部印发的《关于统筹做好疫情防控和经济社会发展生态环保工作的指导意见》，也提出多元化管理、引导、服务的生态保护工作理念。

本书利用废水处理率、废渣处理率和废气处理率计算得到命令控制型环境规制后，得出了2006年和2019年命令控制型环境规制的空间分布特征。我国各城市的命令控制型环境规制都在逐渐增强，低强度的命令控制型环境规制政策在逐渐减少。在选择用环境治理投资额来代表市场激励型环境规制后，得出了2006年和2019年市场激励型环境规制的空间分布特征。市场激励型环境规制的强度也在大幅度上升，其高值区域由东北地区逐渐转移到了东部地区。市场激励型环境规制的发展与命令控制型环境规制相比，区域间差异性更大，显然近年来我国推广实施命令控制型环境规制的城市更多。

在当前我国以构建绿色经济社会发展模式为目标，强调经济绿色转型，引导公众践行绿色生活方式和全面推动绿色发展的背景下，有必要对衡量环境效益和经济效益的绿色全要素生产率（Green Total Factor Productivity，GTFP）的影响因素进行探究。环境规制作为解决环境问题的重要工具，有必要研究其是否能在解决环境污染的同时，提高经济效率，满足全面推进我国绿色经济发展的战略要求。因此，为了深入贯彻绿色发展的基本要求，实现绿色发展的目标，有必要探讨环境规制工具对 GTFP 提升的影响，以及在多元化环境规制体系的构建要求下，异质型环境规制是如何影响 GTFP 的。从而通过环境规制的有效联结，寻求在绿色发展理念下经济增长和环境保护的协调发展路径。

1.1.2　研究意义

（1）理论意义。本书在对已有环境规制、GTFP 相关理论及实证研究文献进行梳理、整合的基础上，全面分析不同类型和不同地区的环境规制对 GTFP 的影响，对环境规制的政策效应做出了评估，为从环境规制视角寻找提升城市 GTFP 的路径提供了理论支撑，丰富了环境规制方面的理论研究。

本书在综合运用经济增长理论、政府规制理论、市场失灵理论、利益相关者理论、波特假说理论和资源基础理论等的基础上，通过研究环境规制对城市 GTFP 的影响，尝试厘清环境规制影响 GTFP 的理论机制，在理论上补充和丰富了城市经济学领域的绿色发展理论，为促进城市生态环境保护与经济发展协同共进提供了重要的理论支撑。

（2）现实意义。我国在当前投入产出效率下降的情况下，维持现有对资源的消耗以实现经济增长是不可持续的。城市发展过程中也需要面对传统投入产出要素和环境要素的共同约束，城市的绿色发展应该是全要素有序、系统推进。本书在测算了城市 GTFP 后，利用探索性空间数据分析方法分析了城市 GTFP 的时空特征及其演化规律，总结得到了城市绿色发展效率的现状、发展规律及其存在的问题，对研究地区绿色发展的差异和绿色发展现状具有现实意义。

环境规制是解决环境问题的重要手段，在当前实现绿色经济发展的政策要求下，环境规制的制定可以有效帮助经济实现绿色化，实现城市的绿色可持续发展。不同类型的环境规制对 GTFP 的作用效果也不同，适合不同城市的环境规制工具也有所不同。本书通过对具体环境规制种类进行分析研究，结合实证研究结果，针对我国城市绿色发展现状，提出切实有效提升城市 GTFP 的环境规制政策建议。本书的研究内容和研究结论对推动城市 GTFP 的提升，实现绿色发展理念具有现实意义。

1.2 研究目的与方法

1.2.1 研究目的

本书以我国地级市和直辖市为研究样本。以"十一五"开端 2006 年为研究起始年份，为避免环境规制政策叠加而模糊本书的研究目的，以碳排放权交易试点政策试行的前一年 2019 年为研究截止年份，即研究时间范围为 2006—2019 年。首先，运用 Super - SBM 模型和 Global Malmquist - Luenberger 指数法测算了我国城市 GTFP，并将其分解为技术进步率和技术效率。其次，结合探索性空间数据分析方法，发现我国城市 GTFP 的时空特征和演化规律，总结出城市 GTFP 的现状和存在的问题。再次，利用固定效应模型，评估命令控制型和市场激励型这两种正式环境规制对城市 GTFP 的政策效应，并检验了正式环境规制的区域异质性。利用空间计量模型实证分析了正式环境规制政策对城市 GTFP 的空间影响，发现环境规制政策具有空间溢出效应。利用双重差分模型检验了非正式环境规制的政策效应和区域异质性。最后，根据以上研究结果，本书提出为提升我国城市 GTFP，由政府、企业、公民、其他社会群体等共同参与的环境规制政策制定与政策优化的对策建议。

本书的研究目的：第一，探讨我国城市 GTFP 的现状和存在的问题，探究 GTFP 的时空特征和演变规律。第二，研究环境规制对 GTFP 的政策效应。第三，研究环境规制对 GTFP 影响的区域异质性。第四，研究异质型环境规制对 GTFP 的影响。第五，总结不同环境规制工具在制定和搭配时的政策建议。

1.2.2 研究方法

本书在总结现有研究的基础上，定性地利用环境经济学、制度经济学等相关理论，结合定量的统计学、计量经济学、经济地理学等学科方法，尝试解决本书研究目的中所提出的问题。

（1）文献梳理法。第 2 章中，本书利用 Citespace 等科学知识图谱工具，对中国知网（CNKI）数据库中的中文社会科学引文索引（CSSCI），Web of Science（WOS）数据库中的 Science Citation Index（SCI）、Science Citation Index Expanded（SCIE）和 Social Sciences Citation Index（SSCI）的文章进行知识演进脉络梳理和可视化分析，整理共现频次较高的选题和关键词，深度挖掘影响力较大的、被引次数较多的文献并进行归纳总结，探讨相关话题的研究热点和研究前沿。在对文本的归纳总结基础之上，对文献进行综述和评价。

（2）定性分析法。第 3 章中，本书利用定性分析法，在总结当前环境规制与 GTFP 提升的经济理论上，结合异质型环境规制对 GTFP 影响的效应分析，研究环境规制对 GTFP 的作用机制。

（3）定量分析法。第 4 章至第 7 章中，本书从研究目的入手，设定相对应能解决研究目的的计量模型，在搜集实证数据进行参数估计的计量经济学范式基础之上，验证本书的理论机制分析结论。在第 4 章，本书利用 Super SBM‑GML 模型测度了 GTFP 水平。在第 5 章至第 7 章，本书采用了非线性固定效应模型来研究环境规制与 GTFP 的非线性关系以及正式环境规制的政策效应。此外，考虑到现有研究认为环境规制存在空间交互效应，本书选择采用空间计量模型来研究环境规制对 GTFP 影响的空间效应。最后，本书为进一步探究环境规制实施的政策效果，采用双重差分法来研究公众自愿型环境规制对 GTFP 的政策效果的影响。并采用二阶段最小二乘法、工具变量法、安慰剂法等定量分析法来解决实证分析中产生的稳健性和内生性问题。

（4）归纳总结法。第 8 章中，本书对第 4 章至第 7 章所有研究的主要观点和结论进行了归纳和提炼，对全书的主要研究结论进行了梳理和回顾。在此基础上，本书结合理论研究和实证结果提出促进 GTFP 的政策建议。最后对未来研究提出展望。

1.3　研究内容与框架

1.3.1　研究内容

本书在选题研究背景基础之上，通过文献综述，对环境规制和 GTFP

研究领域的现有研究问题、结论观点、研究热点等做了总结归纳。在围绕环境规制对 GTFP 影响的理论机制研究的基础上，本书对环境规制影响 GTFP 的实证验证展开研究，分别根据全国范围、分区域和分类型三个方面的实证结果，从环境规制促进 GTFP 提升的路径以及环境规制工具和环境规制强度的选择上，提出具体的政策建议。本书各章节安排如下：

第 1 章为导论。本章首先介绍了本书研究的背景和意义，由此引出本书研究的核心问题和研究目的，并介绍解决问题的研究方法。其次，分析本书的研究内容和研究框架。最后，总结本书的创新点。

第 2 章为文献综述。本章首先对不同类型环境规制和 GTFP 分别进行概念界定。在此基础上，对环境规制和 GTFP 的国内外研究趋势进行了总结梳理，并对相关研究进行总结，指出了现有研究的存在的不足。

第 3 章为环境规制影响 GTFP 的理论机制分析。本章首先介绍了经济增长理论、政府规制理论、市场失灵理论、利益相关者理论、波特假说理论和资源基础理论等环境规制对 GTFP 影响的理论基础。其次总结了创新补偿效应、成本效应、优胜劣汰效应、投资挤出效应和污染避难所效应等，并在此基础上进行了理论机制分析。

第 4 章为我国 GTFP 的现状分析和时空演化分析。本章首先运用包含非期望产出的超效率 SBM - GML 指数模型，对我国城市 GTFP 水平进行了测度。其次，将我国按照东部、中部、西部和东北地区进行区域划分后，对比分析了全国和各区域 GTFP 的时间演化过程。最后，利用核密度曲线图和空间分布特征图，研究了 GTFP 在地理空间上的变化趋势。

第 5 章为环境规制与 GTFP 的非线性关系研究。首先，利用线性面板数据模型和非线性面板数据模型，实证检验了命令控制型和市场激励型环境规制与全要素生产率之间存在的非线性关系。其次，实证检验了环境规制与 GTFP 之间关系的区域差异。

第 6 章为环境规制对 GTFP 影响的空间溢出效应。本章实证分析了环境规制与 GTFP 之间的空间作用。首先，利用空间计量模型实证检验命令控制型环境规制对 GTFP 的空间溢出效应。其次，实证检验了环境规制对 GTFP 空间溢出效应的区域差异。

第 7 章为自愿型环境规制对 GTFP 的影响研究。本章对自愿型环境规制进行了政策评价。首先，利用双重差分模型，实证检验了环境信息公开对 GTFP 的影响。其次，实证检验了环境信息公开试点对提升 GTFP 的政策时滞性。最后，实证检验了环境信息公开对 GTFP 影响的区域差异。

第 8 章为研究结论、政策建议与研究展望。本章总结了有关 GTFP 的测度结论和实证分析结论，并依此提出政策建议。此外，本章还指出了本书研究过程中的不足之处和对下一步研究可能的推进之处。

1.3.2　研究框架

本书主要沿着"文献归纳—理论机制分析—现状分析—实证检验—政策构建"的路线展开研究。本书首先总结归纳了现有文献的研究内容和不足之处，结合本书理论机制分析，对本书的研究问题做出理论判断。其次，利用 Super SBM‐GML 模型测度了 GTFP 水平，分析了我国 GTFP 的发展现状和区域异质性。再次，利用面板数据模型探究了环境规制与 GTFP 之间的关系。此外，利用空间计量模型研究了环境规制和 GTFP 间的空间交互效应。利用双重差分法研究了环境规制对 GTFP 政策效果的影响。最后，在总结了实证研究结论的基础上，提出了环境规制促进 GTFP 提升的建议。研究框架如图 1‐1 所示。

1.4　研究创新点

环境规制和 GTFP 相关问题是当下研究的重点与热点，但是现阶段的文献多从国家、省域或是行业等视角展开研究，缺乏在城市层面对环境规制工具影响的研究。首先，现有研究对 GTFP 的衡量指标并未形成共识；其次，现有文献缺乏对不同类型环境规制工具影响的研究；最后，现有文献主要围绕细分产业或行业中的环境规制对 GTFP 进行研究，缺乏在空间视角下对 GTFP 的研究。本书创新之处主要有以下四个方面：

（1）在现有研究基础之上，进一步优化了 GTFP 测度与评价的指

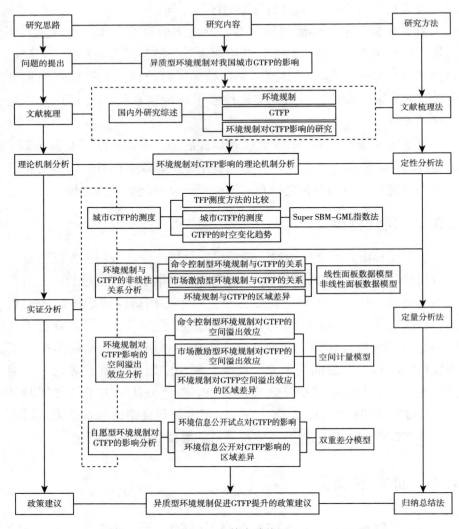

图 1-1 技术路线图

标体系。运用构建的投入产出指标体系，基于较为前沿的 Super SBM -
GML 测算模型，对中国地级及以上城市的 GTFP 水平进行了测度。

（2）扩展了研究对象。本书将地级市和直辖市作为研究对象的最小
单元，从以往多数研究的国家级和省级层面，细化到了城市层面。通过
细化研究单位，可以更准确地测度 GTFP，避免出现用省级数据测度时
出现的个别省份中存在极端值所带来的测量误差。在空间计量模型中，

使用地级市和直辖市也可以避免可变面元问题。

（3）考虑不同类型环境规制工具的影响效果。本书根据有关环境规制分类的研究，将环境规制分成命令控制型、市场激励型和自愿型环境规制三个类型，并以此为基础进行实证检验。研究了异质型环境规制对 GTFP 的影响，从而得到相应的政策建议。

（4）探究了环境规制与 GTFP 的空间交互效应。随着区域一体化进程和城市群建设的不断加快，城市间的联系日趋紧密，环境规制不仅会对本地区产生影响，还有可能对周围城市产生溢出效应。现有研究缺乏从邻里视角对环境规制的空间效应进行研究，且个别探究空间效应的研究还存在样本选用的地理单元尺度过大、样本数量太少、面板数据不足的情况。本书从空间交互角度出发，研究环境规制对 GTFP 影响的空间溢出效应。

2 | 研究综述

本章对有关环境规制和 GTFP 的相关概念进行了界定、区分和描述，并对国内外研究趋势进行了总结梳理。本章还对研究 GTFP 影响因素的文献进行了总结归纳，并主要回顾了环境规制对 GTFP 的影响研究，还对 GTFP 国内外研究趋势进行了总结梳理。本章为本书的研究提供了文献支撑，为本书的实证研究奠定了基础。

2.1 关于环境规制的研究综述

2.1.1 环境规制的概念界定

环境是物质资源的地理分布，也是财富生产要素的位置清单（Chisholm，1889）[3]。在韦伯区位理论中，环境在根据最少运输成本计算的最优区位中，定义为资源投入的固定位置（Weber，1929）[4]。而马克思主义政治经济学认为环境本身是在经济系统内被制造出来的，是自然的商品化（Clark，2001）[5]。

"规制"有广义和狭义之分，二者的区别在于是否包含特定的个体（植草益，1992）[6]。规制工具以政府介入程度为划分标准，可分为纯粹的自由主义（Liberalism）、自我规制（Self‐Regulation）、元规制（Meta‐Regulation）和纯粹的政府规制（Government Regulation）（Ayres，1992）[7]。纯粹的政府规制认为政府可以代表公共利益，制度也是根据公共需要所制定的（Jiang，2009）[8]，政府以制裁手段，对企业或个人的自由决策做出强制性限制（Viscusi，2018）[9]。元规制由规制者制定规制体系，但将相关体系的实质性细节裁量权留给被规制对象（林鸿潮，2021）[10]。自我规制则是将规制体系的建立托付给一个机构，该机构的成员全部或主要由其活动受到监管的企业或个人的代表组成，被规制者既有裁量权决定规制体系的细节，也有权在最初阶段决定是否设置该体系（Grajzl，2007；杨志强，2007）[11,12]。纯粹的自由主义将个人主义和个人利益作为唯一动机，认为社会和国家是绝对对立的，将私人领域看成一个自足的系统，排斥国家权力的干预（郑祝君，2006）[13]。按照规制工具谱系分类，命令控制型环境规制属于政府规制的一种，市场激励型环境规制属于元规制，自愿型环境规制属于元规制和自我规制。

环境规制（Environmental Regulation）最早被定义为由环保组织或环保机构提出的复杂化的环境保护规定和政策，提出这些规定和政策建议的目的是希望它们可以通过严格的立法授权成为具有法律效力的法律法规（Atkinson，1980）[14]。Portney（1981）[15]，Perkin（1981）[16]，Tolley（1982）[17]认为环境规制等同于环境政策（Environmental Policy），并认为由环境规制带来的环境收益会对生产率增长、价格和 GNP 产生影响。

随着市场经济的蓬勃发展，环境规制逐渐不仅限于政府和管理机构的命令和控制手段，经济激励和经济惩罚措施也开始引导个体做出保护环境的行为。庇古将污染排放费和环境税作为对环境产品和服务的定价，把对环境的消费内化到使用价格中。科斯基于产权理论提出的排污权交易则允许生产者可以通过市场来交易各自所有的污染排放量份额。污染控制成本较高的生产者倾向于购买更多的污染排放许可权，而污染控制成本较低的生产者会倾向于投资清洁生产技术，并出售自己的排污权获得盈利，这种弹性的环境规制政策降低了社会整体的污染控制成本。但是，现实中准确获得交易排污权的信息成本较高，还会产生大量的转移支付，导致排污权交易在控制环境污染和提高经济效益方面的效率有所下降（Sorrell，1999）[18]。由于命令控制型环境规制可能带来高成本和低效率的问题，而为大量未受管的污染物设计有效的市场激励型环境规制工具是困难、缓慢和成本高昂的，所以公众越来越认为生产者需要灵活性，以选择成本最低的污染控制方法。因此，排污者自愿削减排污量的自愿型环境规制从 20 世纪 90 年代开始在 OECD 国家、美国和日本迅速发展起来（Blanco，2009；王惠娜，2013）[19,20]。由国际标准化组织（International Organization for Standardization，ISO）在 1995 年制定的 ISO14001 环境认证是目前世界上使用最广泛的自愿型环境规制项目（Lim，2014）[21]。随着企业和公众对资源和环境问题关注度的上升，生态标签和环境认证这类自愿型环境规制工具的发展日益迅速，环境规制的内涵也从最早的强制性规范和被动执行的法律法规，逐渐包含了非强制性环境规制，更加符合了可持续发展的社会需求（Jiang，2020）[22]。如今，狭义的环境规制是指命令控制型环境规制，广义的环境规制是指促使企业和个人采取环境保护行动的手段和工具，包含了命令控制、市场激励和自愿型环境规制（Rugman，1998；Johnstone，2010）[23,24]。

国内关于环境规制的定义和内涵的研究中，环境管制在早期被定为政府以非市场途径对环境资源利用的直接干预（潘家华，1991）[25]。随着我国市场经济体制的建立与完善，单靠政府干预的环境规制效率低下的问题逐渐凸显。当前，环境规制已成为我国实现环境与经济的协调可持续发展的重要抓手，我国政府通过环境规制对高污染、高耗能企业进行监管（傅京燕，2006）[26]。此外，随着自愿型环境规制的出现，环境管制的边界得到了进一步的拓展，环境规制被定义为一种为了保护环境、约束个体或组织行为的有形制度或无形意识（赵玉民，2009）[27]。

2.1.2　环境规制的分类

对环境规制的分类，目前学界并没有达成统一的标准。有研究将环境规制分为显性环境规制和隐性环境规制，其中显性环境规制包括命令控制型、市场激励型和自愿型环境规制，隐性环境规制是内在于个体的、无形的环保思想。也有研究将环境规制分为正式环境规制和非正式环境规制两类，其中正式环境规制包括命令控制型和市场激励型两种，非正式环境规制包括自愿型环境规制。

本书将环境规制的类型按照正式环境规制与非正式环境规制的分类方法，根据对城市主体排污行为约束方式的不同，分为命令控制型、市场激励型和自愿型环境规制。第一类是命令控制型（command and control）环境规制，是由规制者通过法律法规来规定禁止或限制污染环境行为的规制方式，其基本形式有技术标准型和绩效表现型。技术标准型环境规制主要是对生产者的生产设备做出明确规定，绩效表现型环境规制是对每单位经济活动可以允许的最大排放量做出规定。第二类是市场激励型（market-based incentive）环境规制，包括经济方式与产权方式两种。经济方式的环境规制是将外部成本内部化，产权方式的环境规制是对产权边界做出界定。第三类是自愿型（voluntary）环境规制，属于非正式规制和隐形规制，是内化于企业和个人的一种无形的环保意识等，如与污染者谈判、环保组织游说政府、污染事件的媒体曝光率等（Xie，2017；陈素梅，2020）[28,29]。不同规制工具间最显著的差别在于政府介入的程度和形式。不同规制工具所适用的问题的特点不同，产生的效果不同，带来的次生问题或次生效益亦不同。在生态环境领域，长期以来以命令控制型规制为主。

命令控制型环境规制是指通过国家的立法和管理机构进行干预，由各级政府对企业和个人的行为进行控制，以保护环境的政策法规。命令控制型环境规制主要包括对生产和销售的产品、生产和销售中使用的材料、生产产品和使用的技术、生产场所、排放到环境中的废弃物和污染物、排放到环境中的污染物的浓度或总量等所作的许可、授权和管理。在我国，命令控制型环境规制分为综合法、单行法和行政规章制度（严月卉，2020）[30]。我国的环境保护综合类法律主要有《环境保护法》（1979年试行，1989年颁布，2014年修订）和《海洋环境保护法》（1982年颁布，1999年修订，2013、2016和2017年修正）（郑少华，2018；吕忠梅，2019；吕忠梅，2020；贺蓉，2021）[31~34]。环境单行法主要集中在污染控制法、自然资源法和循环再利用法领域（鄂德奎，2020）[35]。行政规章制度主要有关于建设项目中防治污染的设施的"三同时"制度、城市环境综合整治定量考核制度、污染集中控制制度、限期治理制度等（汪劲，2017）[36]。美国环保署制定了《清洁空气法》《国家环境政策法》《油气回收法规》《国家节能政策法》《国家清洁能源和安全法》等环境保护法律法规，欧盟制定了环境保护纲领，英国在1863年就推出了控制有害气体排放的《碱法案》（张虹，2006；苏昌强，2009）[37,38]。

市场激励型环境规制是指通过经济激励或惩罚手段来影响企业和个体，以改善环境状况的市场化的经济政策。与命令控制型环境规制不同的是，市场激励型环境规制是通过市场信号而不是通过关于污染控制水平或方法的明确指示对企业和个人进行管制的法规。如果设计和实施得当，市场激励型环境规制会鼓励企业和个人开展符合自身利益且共同达到政策目标的污染控制工作。市场激励型环境规制可以被分为排污费制度（pollution charges）、排污权许可证交易制度（tradable pollution permits）、减少市场摩擦的工具（market friction reduction instruments）和政府补贴政策（government subsidy）四类。排污费制度是根据企业或污染源产生的污染量评估收取费用或税费，可以促使企业将污染物排放量减少到其边际减排成本等于税率的程度。排污权许可证交易制度是在允许的总体污染水平下，以许可证的形式在企业之间进行确定和分配污染物排放量的制度。排污权交易制度可以实现与收费系统相同的成本最小化控制负担分配，同时避免企业响应环境规制政策时不确定的问题。排放水平保持在分配水平以下的企业和地区，可以将其剩余许可出售给其他企业和地区，也可以使用这些许可抵消其设施其他部分的过量排放。减少市场摩擦的政策工具可以通过减少市场活动中现有的摩擦实现环境保护。这类市场激励环境规制政策主要是为了减少规制者制定环境政策时的成本，如直接创建与环境质量相关的市场，鼓励企业考虑其决策可能造成的环境损害的责任规则和产品信息透明化等（Stavins，2003）[39]。政府环境补贴是指政府通过各类补贴政策对企业进行环保行为指导和协助（刘海英，2019）[40]。市场激励型环境规制的本质是使污染物价格化，主要包括征收环境税制度、征收排污费制度、环境保护奖励制度、环境补贴制度、针对不作为的罚款制度、可交易的排放许可证制度、环境责任保险制度、环境信托制度等。在我国，市场激励型的环境规制有排污费制度、环境保护税制度和排放权交易制度等。2016年我国通过了《环境保护税法》的立法，并于2018年开始正式实施，用环境保护税制度代替了排污费制度（于连超，2021；于佳曦，2021）[41,42]。2021年，我国正式开放了碳排放权交易市场（倪受彬，2022）[43]。命令控制型和市场激励型环境规制是我国目前主要采取的环境规制手段（刘金科，2022）[44]。作为最早使用市场激励型环境规制工具的欧盟，在1976年就制定了联邦德国的水污染收费制度，2005年开始欧盟当局建立了欧盟排放交易体系，将排放权作为主要的市场激励型环境规制工具（Kirat，2011）[45]。美国也建立了二氧化硫排放权交易市场，有效地降低了二氧化硫排放的社会成本（Chen，2019）[46]。

自愿型环境规制是指通过改善环境问题的信息公布渠道和提高个体或集体的自愿责任水平等来改善环境状况的规制手段。自愿型环境规制强调企业自发地进行环境保护行为（Prakash，2009）[47]。自愿型环境规制可以被分为自愿协议（voluntary agreement）、自愿项目（voluntary program）和自愿行动（voluntary action）三类。自愿协议是指规制者与排污者（一个企业或一组企业）就采取环保行动而达成的协议，企业采取切实行动和承诺，且签署协议是自愿的，而不是法律强制的。自愿项目是指规制者仅允许一部分企业参与环保项目，但禁止另一部分参与。对于这类项目，企业可以自愿选择参与或者不参与，但是如果选择参与项目，在没有达到项目要求的环境绩效时，可能会受到惩罚。自愿行动是企业基于反制即将出台的规制政策而采取的先发制人的行动，以延缓或取代强制性规制政策。排污者自愿型环境规制主要包括环境规划、环境影响评价制度、土地利用规划制度、生命周期评价和相关延伸生产者责任制度、强制或自愿的环境信息披露机制、根据约定的环境质量目标改善成本—效益的环境管理系统和环境监督程序等（OECD，1997）[48]。我国的自愿型环境规制还处于起步阶段。2004年我国开始实施的政府节能采购政策也是自愿型环境规制的应用。此外，从2014开始，中国石化等化工企业签署了《责任关怀全球宪章》，加入了"责任关怀"污染防治体系（潘翻番，2020；步晓宁，2022）[49,50]。美国在1988年制定的有毒物质排放清单制度率先将环境信息披露制度引入环境污染治理中。之后，加拿大、韩国、澳大利亚、欧盟都陆续颁布了污染物排放和转移清单制度（Cohen，2007）[51]。停用氟氯烃政策、可持续森林管理、自愿购买气候友好型基金等都是自愿型环境规制的应用。

命令控制型环境规制的优点首先是在管控复杂的环境过程时有更好的适应性。这是因为命令控制型环境规制直接规定了污染排放量，规制后的污染物排放有了很大的确定性。其次，命令控制型环境规制简化了对服从规制的监督。因为命令控制型环境规制会明确指明使用某种特别的污染控制设备或技术，监督仅涉及查看设备是否已经被安装或技术是否已经被使用，很大程度上简化了环境规制监督过程。但是，命令控制型环境规制的缺点也比较明显。首先，命令控制型环境规制的信息成本较高。因为对不同地区和不同产业，需要详细地加以分析，制定适当水平的排污控制政策。规制者需要根据排污者的信息对排放量进行控制，排污者有可能扭曲提供给规制者的信息，从而增加规制者制定环境规制政策的成本。其次，命令型环境规制会降低研发和寻找更加合理的污染控制方法的动力。因为在命令控制型环境规制机制下，排污者之间不能交易减排量，无法从发明或采用更低减排成本的污染控制技术中获益，缺乏进一步减排的激励。最后，命令型环境规制比较难以满足等边际原则。对于命令型规制，确保产生同样污染的不同排污者之间污染控制的边际成本相等几乎是不可能的（王勇，2016）[52]。

市场激励型环境规制的优点首先体现在对信息要求是不显著的。收取排污费时不需要知道企业内部正在发生什么。其次，市场激励为排污者提供了一个创新激励，令排污者有动力发现更便宜的方法来控制污染。再次，市场激励环境规制涉及排污者为控制成本和污染损失付费，不存在对排污者的隐形补贴。最后，市场激励型环境规制的最大优点在于可以利用排污费、污染许可权交易等规制工具，等边际原则自动有效，可以降低规制成本。但是，建立一套可以适应环境变化而自身不致过于复杂的市场激励制度是非常困难的。第一，市场激励型规制是带有政治性的。当正在控制的环境规制问题存在大量的不确定性，随着时间的推移，就需要调整激励的水平，但实际调整起来，是非常困难的。第二，许多市场激励制度会涉及从企业到政府的大量转移支付。排污税对管理税收的政府来说，产生了一笔数额巨大的收入。第三，管制者对排污许可证的分配逐渐从免费发放开始向拍卖转变，都使得政府收入明显增加。第四，Sandel（1997）[53]认为将环境变成商品进行定价的方法，在道德层面上来说是不恰当的。

与其他类型相比，自愿型环境规制的优点首先是更具有灵活性。自愿型环境规制是基于企业自愿参与的原则。自愿的环境监管侧重于制定目标、战略和发展指南，以改善企业的环境绩效，而不是监管实现目标的具体方法，这为企业提供了最大的灵活性。因此，与传统环境规制相比，企业获得了更大的创新空间。其次，自愿型环境规制具有长期盈利能力。无论企业如何强调社会责任，企业的最终目标仍然是利润最大化。如果企业战略性地采用自愿协议或自愿项目，这意味着他们认为采用该自愿环境规制项目的长期利益将超过短期成本。这些好处可能来自绿色生产流程、提高公司在利益相关者中的声誉、增加市场竞争优势以及拓展国外市场等。最后，自愿型环境规制更加容易不断完善。自愿协议型环境管理标准容易进行修订和更新，可以不断为企业和地方政府设定新的目标（Bu，2020）[54]。自愿型环境规制的缺点首先是企业参与的自愿协议可能会不合规，从而导致人民群众对企业提出诉讼，继而增加规制成本（Langpap，2015）[55]。其次，自愿型环境规制的操作难度比命令控制型和市场激励型环境规制更大，见效速度也更慢。

2.1.3 环境规制的研究趋势

为研究国内有关环境规制的研究趋势，本章运用 Citespace 5.8. R3 软件对有关环境规制研究主题的文献的关键词突现进行了分析，找到引用突现度（Citation Burst）最强的前 25 个关键词，如表 2-1 所示。本章选用了中国知网数据库，以"环境规制""环境管制"和"环境治理"为检索关键词，以 1998—2022 年为检索时间跨度，以中文社会科学引文索引（chinese social sciences citation index，CSSCI）为文献来源类别，共获得 4 215 篇文献。在剔除重复文献和与研究领域明显不一致的文献后，共保留 3 481 篇文献。

从表 2-1 中可以看出，环境规制在我国的研究是从 1999 年开始的。1999—2003 年，主要研究方向是环境规制与环境保护的关系，探讨环境规制工具能否在环境保护中发挥作用。于经济全球化和我国加入 WTO 的时代背景，这一时期许多研究都围绕美国和 OECD 国家使用较为广泛的市场激励型环境规制——环境税对环境保护的影响展开，探讨我国实施环境税制度的可行性和必要性（谭立，1999；徐志，1999；廖晓靖，1999；王伯安，2001；王惠，2002）[56~60]。雷新华（2002）[61] 研究了环境税在控制污染中带来的正外部效应，认为环境税能够很好地矫正市场在环境资源配置中的市场失灵。侯作前（2003）[62] 研究了我国在加入 WTO 后，在建立环境税制度时，还需要考虑在环境保护、维护我国工业竞争力和遵守 WTO 规则间找到平衡。刘安民（2003）[63] 认为环境税作为绿色税制改革的代表，对于我国协调经济与环境的关系、保护自然环境和维护生态平衡有着重要的作用。孙黎明（2003）[64]研究了环境税相比于命令控制型环境规制和排污费的优点，以及为提升我国产业竞争力和防止外资企业污染转移的背景下，征收环境税的必要性。2010—2017年的研究热点再次集中于环境税，这是因为在这个阶段，我国政府已经在讨论用环境税代替排污费的议题。这一时期的文献，更加深入地研究了环境税对经济增长和环境水平提高的影响，提出了适合我国经济发展水平的环境税制构想与政策建议（生延超，2013；张海星，2014；梁伟，2014；毕茜，2016；李虹，2017）[65~69]。

在2012年以前，研究热点还集中于当时我国采用较多的命令控制型环境规制环境保护法，主要围绕环境法对环境保护的作用、环境法对环境侵害的判罚以及我国环境法体系的建立进行研究（李艳芳，2002；谭江华，2004；陈海嵩，2007；王灿发，2010；张平，2011）[70~74]。之后，由于其他类型的环境规制工具在我国也开始被广泛使用，对于环境法的研究逐渐减少。从表2-1中可以看出，在2012年以前，对于环境规制所产生的影响，多数都集中于对环境类问题的研究上，也有部分研究集中于环境规制能否提高区域竞争力和企业竞争力上。傅京燕（2010）[75]研究了环境规制对我国污染产业国际竞争力的影响。董敏杰（2011）[76]研究了环境规制对我国出口竞争力的影响。徐敏燕（2013）[77]研究了环境规制的创新补偿效应对产业竞争力的影响。关于环境规制与FDI的研究主要集中在2010—2012年。朱平芳（2011）[78]研究了环境规制对FDI的影响，地方政府为了吸引FDI会存在明显的环境规制政策博弈。江珂（2011）[79]研究了不同的环境规制强度对FDI的影响。张中元（2012）[80]研究了FDI和环境规制对工业技术进步的影响。

有关碳排放和环境规制的研究，2010—2018年突现度较高，这是因为从2011年开始，我国开展了碳排放权交易市场的试点工作。2010—2014年，学者们主要研究环境规制对低碳经济的影响，探讨在环境规制下我国高污染产业如何转型，从而带动我国经济发展模式从高碳经济转向低碳经济（谭娟，2011；雷明，2013）[81,82]。2014—2018年，学者们主要研究环境规制强度对碳排放量的影响，以及不同环境规制工具对碳排放量的影响（徐盈之，2015；刘海云，2017；李华，2018；邝嫦娥，2018；王馨康，2018）[83~87]。有关环境规制对生态效率影响的研究在 2016—2018 年突现度较高。姬晓辉（2016）[88]、任胜钢（2016）[89]都利用我国省级面板数据，发现了环境规制和区域生态效率间的倒 U 形关系。袁宝龙（2017）[90]研究了环境规制对制造业生态效率的影响。雷玉桃（2018）[91]研究了不同区域间环境规制对生态效率影响的差异。

2017 年，党的十九大提出高质量发展后，绿色发展成了我国经济发展的重要战略导向。2017—2020 年，许多研究都集中于环境规制对区域绿色发展和产业绿色发展的影响上。高苇（2018）[92]研究了不同的环境规制工具对矿业绿色发展的影响。张峰（2018）[93]发现了环境规制在短期对制造业绿色发展的促进作用，和在长期与制造业绿色发展的正 U 形关系。李毅（2020）[94]利用我国地级市面板数据，研究发现了环境规制与区域经济绿色发展的正 U 形关系。2019 年，习近平总书记提出黄河流域生态保护和高质量发展战略后，涌现出许多以黄河流域作为研究区域，来研究环境规制对高质量发展影响的文献（周清香，2020；赵帅，2021；陈冲，2022）[95~97]。2020—2022 年，有关环境规制的研究主要集中于环境规制对绿色技术创新的影响方面。杨艳芳（2021）[98]研究了异质型环境规制对工业企业绿色创新的影响，发现在短期，命令控制型环境规制对促进工业企业绿色创新的效果最显著，但市场激励型和自愿型环境规制在长期会提升企业绿色创新水平。卞晨（2022）[99]运用演化博弈模型，研究了异质型环境规制工具对企业绿色技术创新的影响。肖振红（2022）[100]运用双重差分法，研究了碳排放权交易制度对区域绿色创新效率的影响。

有关环境规制引用突现度最高的研究是环境规制对工业企业的影响，并且其研究的突现程度从 2003 年开始到 2022 年都没有下降。这是因为工业企业是一个区域的主要排污者，也是环境规制中的主要被规制者，所以关于环境规制的研究，多数主体都是工业企业或工业产业。这些研究主要集中在环境规制对工业绿色发展、工业企业生产绩效、工业全要素生产率、工业绿色全要素生产率、工业创新效率和工业污染控制绩效的影响上（贾瑞跃，2012；朱东旦，2021；刘晶，2022；马珩，2022；沈春苗；2022）[101~105]。

从表 2-1 中可以看出，2018—2022 年，有关环境规制的研究中，所选用的研究方法和研究模型主要是门槛回归模型、中介效应模型、双重差分模型和空间计量模型。石华平（2019）[106]运用门槛模型，发现了环境规制与技术创新之间的倒 N 形关系，随着环境规制强度的增加，环境规制对工业企业的技术创新的影响呈现出先抑制、后促进、再抑制的变化曲线。胡美娟（2022）[107]研究发现环境规制可以通过中介变量工业生态效率和工业技术水平来降低 PM2.5 污染。李佳（2021）[108]运用双重差分模型对我国 2010 年开始实施的三批低碳试点城市政策进行评估，发现低碳试点城市政策对东部和中部城市的贸易出口具有显著的负向影响，但对西部城市的影响效果不显著，政策实施效果存在明显的区域差异。王分棉（2022）[109]运用三重差分模型，对"环境空气质量标准"政策对企业绿色创新的影响进行了实证检验，发现政策试点城市在政策实施的第一阶段会存在对绿色创新的挤出效应，但在第二阶段，环境规制政策对试点城市的绿色创新的挤出效应不再显著。孙文远（2020）[110]利用省级面板数据，运用空间计量模型研究了环境规制对就业结构的影响的空间溢出效应。郑飞鸿（2022）[111]运用空间计量模型，以长江经济带资源型城市作为样本，研究了环境规制对产业绿色创新的空间作用。总的来说，差分法和空间计量模型是有关环境规制研究领域的热点模型，说明目前国内有关环境规制的前沿问题是关于环境规制的政策评估和环境规制的空间溢出效应研究。

表 2 - 1　CSSCI 文献中有关环境规制引用突现度最强的前 25 个关键词

关键词	突现度	开始年份	结束年份	1999—2022 年突现度变化情况
环境保护	9.71	1999	2011	
环保税	5.26	1999	2003	
环境	7.3	2000	2008	
环境法	8.04	2001	2012	
工业	32.25	2003	2022	
竞争力	4.39	2004	2014	
低碳经济	7.85	2010	2014	
FDI	6.41	2010	2012	
环境税	4.69	2010	2017	
面板数据	5.16	2011	2016	

（续）

关键词	突现度	开始年份	结束年份	1999—2022 年突现度变化情况
经济增长	5.88	2012	2014	
影响因素	5	2013	2017	
碳排放	8.07	2014	2018	
环境污染	4.6	2015	2017	
排污费	4.08	2015	2019	
生态效率	5.11	2016	2018	
绿色发展	7.64	2017	2020	
雾霾污染	5.59	2017	2019	
区域差异	4.26	2017	2018	
门槛效应	4.21	2018	2019	
中介效应	9.05	2019	2022	
绿色创新	8.97	2020	2022	
双重差分	6.12	2020	2022	
黄河流域	5.85	2020	2022	
溢出效应	3.9	2020	2022	

数据来源：根据作者计算整理获得。

为分析国外有关环境规制的研究趋势，本节运用 Citespace 5.8.R3 软件对有关环境规制研究主题的文献的关键词突现进行了分析，找到引用次数突现度最强的前 25 个关键词，如表 2-2 所示。本节选用了 Web of Science（WOS）数据库，以 "Environmental Regulation" "Environmental Policy" "Environmental Management" "Environmental Governance" 为检索关键词，以 1975—2022 年为检索时间跨度，以 Social Science Citation Index（SSCI）和 Science Citation Index - Expanded（SCIE）为文献来源类别，共获得 7 975 篇文献。在剔除重复文献和与研究领域明显不一致的文献后，共保留 7 702 篇文献。

从表 2-2 中可以看出，国外有关环境规制的研究，其研究区域主要选择的是美国。Berman（2001）[112]研究了美国环境保护署（the environmental protection agency，EPA）所颁布的洛杉矶南海岸空气质量监管政策（the south coast air quality management district，SCAQMD）对当地炼油厂生产率和减排成本的影响。Greenstone（2003）[113]研究了美国对空气污染排放物的环境规制政策对制造业 TFP 的影响，研究表明二氧化硫规制政策对 TFP 有抑制作用，但是二氧化碳规制政策对制造业 TFP 有促进作用。

进入 21 世纪后，环境规制的研究样本不再局限于美国，对于发展中国家和经济合作与发展组织（organization for economic co - operation and development，OECD）国家的环境规制政策研究也逐渐增多。Xiao (2019)[114]基于 1998—2015 年 OECD 国家的面板数据，选用门槛模型研究了不同环境规制强度对 PM2.5 污染物的影响，结果表明环境规制对降低 PM2.5 有正向影响，但是随着环境规制强度的上升，与 PM2.5 的正相关性逐渐减弱。

20 世纪 90 年代关于环境规制的研究，集中于命令控制型环境规制、市场激励型环境规制以及环境规制对于解决信息不对称的理论研究方面。主要研究了命令控制型环境规制对于污染物控制（pollution control）的作用以及对于污染环境行为的惩罚措施（penalty）。当然，命令控制型环境规制是发展历史最久、制度体系相对完善的环境规制工具，其研究热度仍然非常高。1999—2014 年，是市场激励型环境规制的研究高峰期，主要研究了环境税（environmental tax）的作用效果。从 2006 年开始，自愿型环境规制（environmental self - regulation）逐渐成为环境规制领域的研究热点。其中，对于自愿型环境规制工具中的环境许可证（certification）、生态系统服务（ecosystem service）价值评估和生命周期评估（life cycle assessment）的研究在 2018 年以前都是研究热点。

2012 年以后，学术界对于环境规制效果和影响的研究不再局限于环境规制对污染物排放上。2012—2015 年的研究热点是环境规制对土地利用（land use）的影响。2013—2018 年，研究环境规制对天然气（natural gas）的影响突现度较高（Kabir，2015；Behrer，2017）[115,116]。Doole (2013)[117]研究了对乳制品生产农场的硝酸盐规制政策对农场用地的影响。Stevens (2018)[118]研究发现环境规制对天然气利用率的上升有正向影响。

从表 2 - 2 中可以看出，国外有关环境规制的最新研究主要集中于环境规制对碳排放（carbon emission）的影响（Zhang，2022）[119]、环境规制对全要素生产率（total factor productivity）的影响（Wu，2022）[120]、环境规制对能源消费（energy consumption）的影响（Dong，2022）[121]、环境规制对经济增长（economic growth）的影响（Ding，2022）[122]、环境规制对技术创新（technological innovation）的影响（Li，2022）[123]、环境规制与城镇化（urbanization）的关系（Li，2022）[124]，以及不同环境规制强度（intensity）的影响上（Zhao，2022）[125]。

表 2 - 2　SSCI 和 SCIE 文献中有关环境规制

引用突现度最强的前 25 个关键词

关键词	突现度	开始年份	结束年份	1994—2022 年突现度变化情况
美国	20.26	1994	2011	
污染控制	24.19	1995	2013	
信息不对称	8.08	1996	2015	
环保税	12.2	1999	2014	
惩罚措施	7.65	1999	2005	
诱因	18.92	2000	2013	
竞争力	8.79	2000	2002	
发展中国家	8.07	2000	2012	
自愿型环境规制	24.07	2006	2014	
环境许可证	10.54	2007	2014	
OECD 国家	10.09	2009	2017	
生态系统服务	9.01	2011	2018	
ISO 14001	13.68	2012	2016	
气候变化	10.15	2012	2016	
土地利用	7.65	2012	2015	
天然气	11.57	2013	2018	
生命周期评估	8	2014	2018	
碳排放	8.66	2019	2022	
全要素生产率	7.91	2019	2022	
CO_2 排放量	15.38	2020	2022	
能源消费	14.22	2020	2022	

（续）

关键词	突现度	开始年份	结束年份	1994—2022 年突现度变化情况
经济增长	13.41	2020	2022	▬▬▬▬▬▬▬▬▬▬▬▬▬▬▬▬▬▬▬▬▬▬▬
技术创新	11.63	2020	2022	▬▬▬▬▬▬▬▬▬▬▬▬▬▬▬▬▬▬▬▬▬▬▬
城镇化	8.51	2020	2022	▬▬▬▬▬▬▬▬▬▬▬▬▬▬▬▬▬▬▬▬▬▬▬
环境规制强度	7.24	2020	2022	▬▬▬▬▬▬▬▬▬▬▬▬▬▬▬▬▬▬▬▬▬▬▬

数据来源：根据作者计算整理获得。

2.2 关于绿色全要素生产率的研究综述

2.2.1 绿色全要素生产率的概念界定

（1）效率与生产率。效率（efficiency）衡量的是各种投入在经济活动中被转化为产出的有效程度。效率是经济研究的核心问题。Pareto、Samuelson[126]以及 Solow[127]都对效率进行过阐述。现在，效率被定义为一定时期内总产出与各种资源投入的比例。生产率（productivity）衡量的是在经济生产中各类生产投入要素在利用上的有效程度，同时还能反映经济生产过程中技术创新水平、生产要素配置效率、生产管理水平等方面的真实情况。其中，全要素生产率则是考察产出与全部投入要素之间的比例关系（谭林，2020）[128]。显然，二者是存在联系和区别的，二者最明显的区别在于生产率是动态的而效率是时点值。

（2）全要素生产率。全要素生产率（total factor productivity，TFP）又被称为"索洛余值"，反映了总产量与全部要素投入量的比例。一般认为，经济增长中扣除投入要素积累引起的增长，剩余的增长源泉就是全要素生产率引起的增长[127]。TFP 的增长率也被称作技术进步率，是产出增长与要素投入增长的差异部分，这种增长差异源自技术进步、组织创新、专业化生产和生产创新等方面内容。TFP 实际上衡量的是产出量在劳动力、资本量、土地资源等生产要素投入量都不变时仍然增加的部分。因此，TFP 被定义为经济增长中除了来自要素投入量增长以外，被归因于技术进步和效率提高的产出，可以用来反映经济增长的质量。

（3）绿色全要素生产率。绿色全要素生产率（green total factor productivity，GTFP），也叫作环境全要素生产率（environmental total factor productivity，ETFP），是在将资源和环境作为经济增长的刚性约束效力后扩展内涵的全要素生产率。GTFP 比 TFP 更加契合可持续发展理念和绿色发展理念（杨文举，2022）[129]。GTFP 在 TFP 的基础上，将污染排放视为具有特殊性质的产出品，即非期望产出（undesirable output），引入 TFP 测算框架中。GTFP 的本质目的是为了实现经济与环境的可持续发展。目前，我国正处于经济发展方式转型的关键时期，发展和提升 GTFP 是实现可持续发展的关键和必由之路（谭政，2016）[130]。

2.2.2　绿色全要素生产率的测度研究

相关研究主要通过测算 GTFP 值，分析 GTFP 的变化趋势、地区差异和行业差异。本节对有关 GTFP 测算的文献进行了梳理。

索洛余值法在测算 GTFP 时，是将环境变量作为投入要素加入新古典经济增长模型。索洛余值法这种将非期望产出当作投入要素来处理环境约束变量的做法违背了"物质平衡思路"，并且这种期望产出和非期望产出的非对称处理，无法对经济绩效和环境绩效做出正确评价（Hailu，2000a）[131]。

距离函数法（distance function approach）是利用距离函数计算出非期望产出的影子价格后，用距离函数构建出生产率指数，结合参数法来估计 GTFP。Pittman（1983）[132] 尝试将非期望产出纳入 TFP，利用生产者减排支出数据对污染物的影子价格进行估计，为距离函数法计算 GTFP 奠定了基础。Hailu（2000）[133] 运用投入距离函数法，构建了基于投入距离函数的 Malmquist 生产率指数，测算了加拿大制浆造纸工业的 GTFP。Fare（1993）[134] 构建了基于产出距离函数的 Tornqvist 指数，测算了美国密歇根州和威斯康星州制浆造纸工业的 GTFP。Coelli（2000）[135] 构建了基于产出距离函数的 Tornqvist 指数，运用最小二乘法估计了欧盟国家铁路业的 GTFP。Fare（2006）[136] 运用基于二次函数形式的产出距离函数，测度了美国农业 GTFP。Newman（2006）[137] 运用基于产出距离函数的 Malmquist 生产率指数，测算了爱尔兰食品业的

GTFP。Zhu（2022）[138]运用基于产出距离函数的随机前沿分析法，测算了我国种植业的 GTFP。距离函数法的缺点在于需要对生产函数的具体形式进行假设，并且由于需要进行参数估计，计算步骤会比较复杂。

目前，测算 GTFP 最常用的方法是数据包络分析法（data envelopment analysis，DEA）。该方法是将污染排放物等对资源和环境带来负面影响的非期望产出作为产出变量，结合方向性距离函数（directional distance function，DDF）对非期望产出进行处理，并运用 DEA 进行测度得到 GTFP 值。Wang（2019）[139]运用 SBM - ML 模型测算了我国省级 2004—2016 年的农业 GTFP，研究表明我国农业 GTFP 呈现加速增长态势，西部的农业 GTFP 水平高于东部和中部。Li（2020）[140]用 DEA - ML 模型测算了我国各省的旅游业 GTFP，发现旅游业 GTFP 存在明显的区域异质性，东部的旅游业 GTFP 较高，西部较低，并且东部旅游业 GTFP 的增长靠绿色技术进步和绿色效率提升，中部 GTFP 的增长来源是绿色技术进步，西部的 GTFP 增长来源主要是绿色效率提升。Li（2021）[141]利用我国 2004—2018 年的省级面板数据，通过建立 SBM 模型，并结合 meta - frontier - malmquist - luenberger（MML）指数测算了我国鸡蛋养殖业 GTFP，研究发现我国鸡蛋养殖业 GTFP 呈现下降趋势，并且我国西部地区的鸡蛋养殖业 GTFP 比中部和东部高。Xue（2022）[142]选取山西省作为研究区域，运用 DEA - Malmquist 指数法对我国资源型城市的 GTFP 进行了测度，其中橡胶和塑料制造的 GTFP 最高，有色金属矿采选业的 GTFP 最低。

童昀（2021）[143]使用我国地级市面板数据，运用径向和非径向相结合的 epsilon - based measure（EBM）模型，构造了 GML 指数，测算了我国城市 GTFP，发现我国东部的 GTFP 值最高，而中部的 GTFP 值最低。余奕杉（2021）[144]运用 super - SBM 模型结合 global - malmquist - Luenberger（GML）指数测算了我国地级市 2004—2016 年的 GTFP，发现城市 GTFP 呈现增长态势，东部的 GTFP 指数高于中部和西部。李凯风（2022）[145]运用 SBM - malmquist 指数测度了我国黄河流域的 GTFP，发现 GTFP 在 2008—2017 年呈上升趋势。王丹（2022）[146]运用超效率 SBM 模型测算了我国各省 2006—2018 年的生猪养殖业 GTFP，2006—2012 年 GTFP 呈现下降趋势，2012—2018 年

GTFP 呈现上升趋势，并且生猪养殖业 GTFP 存在明显的区域差异。

2.2.3 绿色全要素生产率的影响因素研究

已有研究表明，环境规制、对外经济、技术水平、财政政策、金融发展水平、经济发展水平、人力资本、产业集聚、产业结构、制度因素、城镇化、基础设施建设等变量是影响我国城市 GTFP 的重要因素。本节对除环境规制外的其他 GTFP 影响因素的文献进行回顾。

（1）对外经济。对外经济对 GTFP 主要会产生"污染光环效应"（pollution‐halo hypothesis）或"污染避难所效应"（pollution‐haven hypothesis）。发达经济体的更新、更清洁的技术和更绿色的管理实践，可以通过国际贸易和外商直接投资（foreign direct investment，FDI）传递给经济不够发达的东道国，进而促进东道国的技术更新和产品更新，促进东道国 GTFP 的提升，产生了对东道国绿色发展有正面影响的"污染光环效应"（Zafar，2019）[147]。也有研究表明，发达国家会通过 FDI 将一些高污染、高耗能、绿色技术含量低的产业向环境政策较为宽松的发展中国家转移，从而产生对东道国的 GTFP 有负面影响的"污染避难所效应"（Sadik‐Zada，2020）[148]。崔兴华（2019）[149]发现 FDI 有助于 GTFP 的提升，但是具有区域差异和行业差异，对东部地区的促进作用比中西部地区更显著，对轻型制造业的促进作用比高耗能工业更显著。赵明亮（2020）[150]研究发现 FDI 对 GTFP 具有明显的区域异质性。岳立（2022）[151]认为总体上 FDI 对绿色经济发展效率呈现出先抑制、后促进的正 U 形非线性关系，并且由于区域创新水平不同，FDI 对绿色发展效率的影响具有区域异质性。Duan（2021）[152]研究发现 FDI 会增加全球二氧化碳的排放水平，对环境带来更多的损害，而跨国公司回流的反全球化，有助于降低二氧化碳的排放量。Polloni‐Silva（2021）[153]的研究表明，FDI 具有"污染光环效应"，巴西利用美国、德国和日本的直接投资，获得了清洁技术，降低了生产中的污染排放量，提升了巴西的绿色生产率水平。

（2）技术水平。技术水平一般包含技术进步和技术创新。技术进步是生产过程逐渐演进的体现，技术创新是一个生产过程演进的起点。多数研究表明，技术水平上升可以促进绿色技术进步和绿色技术效率提高，进而促进 GTFP 的提升（李小胜，2014；陈超凡，2016）[154,155]。袁宝龙（2021）[156]在创新驱动发展战略背景下，运用 IVTobit 模型对我国省级面板数据进行回归分析，发现创新对 GTFP 具有显著的正向影响，但是存在区域异质性。邵帅（2022）[157]认为绿色技术进步可以加快我国经济结构调整，促进高碳经济发展向低碳经济发展转变，从而实现绿色发展目标。Kale（2019）[158]认为创新对印度制造业企业的全要素生产率提升具有显著的正向影响。Abbas（2019）[159]使用巴基斯坦的制造业和服务业数据，利用结构方程模型研究发现绿色创新对环境、经济可持续发展有显著的积极影响。

（3）财政政策。财政支出和财政分权衡量了政府调控经济的能力，合理的财政政策有利于城市经济转型，优化产业结构，从而促进 GTFP 的提升，但是一旦政府调控过度则会挤占市场自由度，降低经济效率，从而抑制 GTFP 的提升。祁毓（2020）[160]认为不同类型财政支出规模对 GTFP 的提升存在差异。财政分权能够增加财政环境支出，还能引导产业转型，降低对环境不友好的高污染工业在产业结构中的占比，从而减少环境污染，提升 GTFP。但是，过强的财政分权会加剧地方政府恶性竞争，可能会由于地方政府的逐利性行为，对产业结构优化带来不利影响，加剧环境污染，降低绿色全要素生产（杜俊涛，2017；刘伟，2022）[161,162]。张建伟（2019）[163]认为财政分权对 GTFP 提升有显著的负向影响。朱金鹤（2019）[164]认为财政支出和财政分权对 GTFP 的提升都具有正向促进作用。

（4）金融发展。绿色生产设备的使用和绿色技术创新离不开资金支持，高效的金融体系可以通过贷款业务缓解生产者的资金压力，从而促进 GTFP 的提升（赵军，2021）[165]。李双燕（2021）[166]利用我国省级面板数据，研究发现普惠金融发展对 GTFP 的提升有正向影响，并且普惠金融水平的上升对西部地区 GTFP 的促进作用明显高于中部和东部。孙学涛（2022）[167]认为数字金融可以解决小微企业的融资约束，对绿色技术效率和 GTFP 产生显著的正向提升作用。Chen（2022）[168]研究发现数字金融对企业全要素生产率提升有负向作用，只有在金融资源集中的大型城市，数字金融才能显著提升全要素生产率。

（5）经济发展水平。经济发展水平的提高有利于生产要素集聚，吸引更多的优秀人才和先进的绿色生产设备和绿色生产技术集聚，从而促进了 GTFP 的提升。但是这一过程经常伴随污染排放和资源消耗，反而又导致 GTFP 的下降。朱金鹤（2019）[164] 研究发现人均 GDP 对 GT-FP 的提升具有正向影响。然而，任阳军（2019）[169] 的研究却得到了相反的结论，他们认为人均 GDP 对 GTFP 的提升具有显著的负向影响。薛飞（2021）[170] 也认为人均 GDP 抑制了 GTFP 的提升。Guo（2020）[171] 研究发现人均 GDP 对绿色发展效率具有显著的正向影响。

（6）人力资本。人力资本是绿色发展观念的实践者、绿色生产技术的创造者和绿色管理技术的应用者，会对 GTFP 产生重要影响。谭政（2016）[172] 研究发现人力资本会通过学习吸纳绿色生产技术，提升绿色管理技术在绿色技术创新和绿色技术效率变动中的作用，对绿色技术效率变动和 GTFP 变动产生正向影响。张栀（2020）[173] 研究发现人力资本对 GTFP 具有"虹吸效应"和"孤岛效应"。Liu（2021）[175] 利用门槛模型进行回归分析发现，农村人力资本对农业 GTFP 有促进作用，但随着农业物质资本和农业 GDP 的上升，人力资本对农业 GTFP 会逐渐变为抑制作用。

（7）产业集聚。产业集聚会通过规模经济效应、技术溢出效应、竞争激励效应等促进 GTFP 的提升（任阳军，2019；黄庆华，2020）[176,177]。朱风慧（2021）[178] 认为制造业集聚对 GTFP 的提升，会随着对外开放程度的上升表现出先抑制后促进的正 U 形影响。张贺（2022）[179] 研究发现生产性服务业专业化集聚会阻碍 GTFP 提升，而多样化集聚可以促进 GTFP 提升。Chen（2019）[180] 认为具有人才密集和知识密集等特点的高技术产业集聚对绿色效率的提高有促进作用，但是这种促进作用存在滞后效应。Guo（2020）[171] 基于我国东北地区的地级市面板数据，研究发现产业集聚对绿色效率的影响呈现正 U 形变化。Yang（2022）[181] 认为制造业集聚和 GTFP 之间存在非线性关系。

（8）产业结构。产业结构优化可以加快经济发展方式向绿色发展转变，减少资源消耗，降低环境污染，从而提升 GTFP。李莎（2021）[182] 研究认为产业结构高级化对 GTFP 的促进作用更为显著，而产业结构合理化的作用相对较弱。李博（2022）[183] 基于我国资源型城市的面板数据，也得到了相同结论，发现产业结构高级化对 GTFP 的提升有正向影响，但是存在滞后期，产业结构合理化的作用并不明显。Guo（2020）[171]研究发现第二产业在产业结构占比中的增加会对绿色发展效率产生负面影响。Yang（2022）[181]认为提升第三产业占比可以显著促进 GTFP 的提升。

（9）城镇化水平。城镇化可以优化城市空间布局，吸引生产要素集聚，减少运输成本，提高资源的利用效率，从而对 GTFP 产生影响。武宵旭（2019）[184]研究发现，城镇化对 GTFP 具有先抑制后促进的正 U 形影响。刘战伟（2021）[185]认为城镇化水平对农业 GTFP 具有负向影响，但是随着经济水平的提升，负向影响逐渐减弱。Kumar（2012）[186]研究发现城镇化通过集聚效应可以显著提升全要素生产率水平。Hua（2021）[187]的研究结果也表明城镇化会对 GTFP 产生正向影响。

（10）基础设施建设。基础设施建设可以支持经济的绿色转型，促进 GTFP 的提升。但是建设过程会造成环境污染，从而降低环境收益，再加上基础设施建设需要大量投资，会降低经济收益，所以基础设施建设也可能会对 GTFP 的提升产生负面作用。黄永明（2018）[188]认为经济基础设施和社会基础设施都对 GTFP 产生正向影响，但基础设施建设却表现出负向空间溢出效应。徐海成（2020）[189]研究发现交通基础设施建设对东部地区 GTFP 的提升具有促进作用，对中部和西部的 GTFP 呈现出先促进后抑制的非线性影响。Lam（2010）[190]研究发现移动通信设施的发展对高收入国家和中上收入国家的全要素生产率的提升有促进作用。Yang（2022）[181]研究发现交通运输基础设施建设对 GTFP 的提升有显著的负向影响，这是因为高水平的运输条件增加了运输作业中的能源消耗和温室气体排放。

2.2.4 环境规制对绿色全要素生产率的影响研究

GTFP 在 TFP 测度时在投入和产出变量中引入了与环境相关的因素。比如，在投入中引入能源消耗，在产出中引入工业废水、废气和废渣等非期望产出。其中，部分研究直接将非期望产出作为投入变量处理，非期望产出会对环境造成压力，因此它们也可以被看成是经济发展中的一种投入成本。显然，从 GTFP 的测度思路可以直观地发现只要采取环境规制来调控经济发展中的能源消耗和非期望产出规模，就可能会影响 GTFP 的变化。

环境规制影响 GTFP 的机制研究主要有基于"波特假说"的"创新补偿效应"，和"遵循成本假说"的"挤出效应"。"遵循成本假说"认为，环境规制直接导致生产者的治污成本和环境服从成本增加，这进而会引起生产者在生产、创新和组织管理等方面的投入减少，结果是产出减少并抑制 GTFP 提升（Brian，1994；Dean，1995；Helland，2003；Gray，2007）[191~194]。"创新补偿效应"则认为，合理的环境规制有利于生产者将外部成本内部化，进而激励生产者进行绿色技术创新和清洁能源开发，这在环境规制引致投入成本增加过程中具有部分或全部补偿作用，结果会促进 GTFP 增长（Porter，1995；Lanjouw，1996）[195,196]。显然，从理论视角来看，"遵循成本假说"和"创新补偿效应"都可能存在。在经济发展实践中，环境规制与 GTFP 之间的关系可能取决于这两种机制影响力的相对大小。

（1）有关环境规制促进 GTFP 增长的研究。部分研究认为，环境规制有助于 GTFP 增长。这类文献的研究结论认为环境规制在促进生产率提高的同时，能够降低环境污染，使生产率和环境效益达到双赢。陈玉龙（2017）[197]研究发现较低强度的投资型环境规制对 GTFP 会产生正向影响，较高强度的费用型环境规制对 GTFP 的提升会产生正向影响。温湖炜（2019）[198]以征收排污费作为一次准自然实验，发现市场激励型环境规制对 GTFP 的提升有显著的促进作用。薛飞（2021）[170]以京津冀城市群为研究区域，发现环境规制可以显著提升 GTFP。孙振清（2022）[199]基于省级面板数据，以碳排放权交易作为准自然实验，运用双重差分模型回归发现碳排放权交易对 GTFP 有显著的正向影响，证明了市场激励型环境规制对 GTFP 的促进作用。尹迎港（2022）[200]用合成控制法也得出了碳排放权交易政策会显著提升 GTFP 的结论。

Spang（2018）[201]研究发现命令控制型环境规制对环境保护和提升能源利用效率的正向作用显著。Peng（2020）[202]基于中国地级市面板数据，证明了环境规制对 GTFP 影响过程中存在"创新补偿效应"和"污染避难所效应"。

（2）有关环境规制抑制 GTFP 增长的研究。部分研究认为，环境规制会抑制 GTFP 的提升。李卫兵（2019）[203]以酸雨和二氧化硫污染防治控制区政策作为准自然实验，采用倾向得分匹配与双重差分相结合的方法，实证检验了环境规制政策对 GTFP 提升的负向影响。李卫兵（2019）[204] 还以提高排污费作为准自然实验，发现市场激励型环境规制对 GTFP 也存在着显著的负向影响。孙冬营（2021）[205] 基于长三角城市群的面板数据，研究发现环境规制对工业 GTFP 存在抑制作用。夏凉（2021）[206] 基于我国省级面板数据，实证研究发现命令控制型环境规制对 GTFP 具有显著的负向影响。郭威（2021）[207] 研究发现投资型环境规制对 GTFP 会产生显著负向影响。

Palmer（1995）[208]，Gray（2007）[209] 认为由于环境规制带来了高合规成本，既损害了生产者的盈利能力，还降低了其进行绿色技术创新的能力，从而抑制了 GTFP 的提升。环境规制虽然能降低水污染和空气污染，但给被监管方和监管者都带来了沉重的成本，会降低环境规制的经济收益，从而降低 GTFP。并且，由于"污染避难所效应"，高成本环境规制会鼓励污染密集型产业从发达国家转移到监管宽松的发展中国家，高强度环境规制区域的 GTFP 上升，但低强度环境规制区域的 GTFP 却有所下降，导致整体的 GTFP 并没有得到提升。也有学者认为，在发展中国家，由于监管监督和执法时与环境规制政策的不一致、监管机构存在人员不足和资金不足的问题、缺乏严格执法的政治意愿等的限制以及存在大量难以监管的小型非正规企业，使得命令控制型和市场激励型环境规制的执行效果不理想，反而会抑制 GTFP 的提升（Russell，2003；Allen，2018）[210,211]。Tang（2020）[212] 运用双重差分模型和三重差分模型，实证发现了命令控制型环境规制对我国工业企业的绿色创新效率产生了负面影响。

（3）有关环境规制对 GTFP 增长的非线性影响的研究。现有研究发现环境规制与 GTFP 存在非线性关系。许长新（2021）[213] 以黄河流域作为研究区域，研究发现环境规制对 GTFP 的影响呈现非线性变化。籍艳丽（2022）[214] 运用门槛模型实证研究发现，环境规制对 GTFP 存在非线性影响，并且具有区域异质性。刘伟江（2022）[215] 认为随着环境规制强度的提升，制造业 GTFP 会出现先下降后上升的变化。王丹（2022）[216] 通过对我国生猪养殖业 GTFP 的研究发现，同样得出了环境规制与 GTFP 之间存在先抑制后促进的非线性关系的结论。

　　Lanoie（2008）[217]发现，环境规制对制造业 TFP 的影响有政策滞后性，长期来看，会对 TFP 产生正向影响。Bai（2018）[218]研究发现环境规制对我国能源密集型的绿色效率在短期呈现负向影响，但在长期会表现出显著的正向影响。Li（2019）[219]认为命令控制型环境规制对钢铁业 GTFP 影响并不显著，而低强度的市场激励型环境规制可以改善GTFP，高强度的市场激励刚好相反。Hou（2019）[220]基于我国省级面板数据，研究发现环境规制对区域绿色效率的提升呈现先促进后抑制的倒 U 形影响。

2.2.5　绿色全要素生产率的研究趋势

　　为研究国内有关 GTFP 的研究趋势，本章节运用 Citespace 5.8. R3软件对有关 GTFP 研究主题的文献的关键词突现进行了分析，找到引用次数突现度最强的前 15 个关键词，如表 2 - 3 所示。本章节选用了中国知网数据库，以"GTFP""环境全要素生产率""GTFP"和"ETFP"为检索关键词，以 1998—2022 年为检索时间跨度，以 CSSCI 为文献来源类别，共获得 612 篇文献。因为文献数量较少，所以本书又增补了北大核心来源的 117 篇文献，共计 729 篇文献。在剔除重复文献和与研究领域明显不一致的文献后，共保留 623 篇文献。

　　从表 2 - 3 中可以看出，国内有关 GTFP 的研究趋势的变化节点是2017 年，该领域的研究热点在 2010—2017 年主要集中于对 GTFP 的测度，而从 2017 年开始，逐渐集中在对 GTFP 的影响因素研究上。可以看出，在对 GTFP 的测度方法的选择上，DEA 法是目前学术界达成基本共识的最优方法，所以在 2017 年后，DEA 法不再是 GTFP 领域的研究热点。有关 DEA 法中的 SBM 法显然引起了学者们的注意，有关对SBM 法的改进，以及运用 SBM -指数法测度 GTFP 仍然是研究热点。全良（2019）[221]运用 SBM - GL 指数法测算了我国各省的工业 GTFP。旷爱萍（2022）[222]使用 SBM - ML 指数法测算了我国西部地区的农业GTFP。

　　2012—2015 年，有关节能减排对 GTFP 影响的研究较多。节能减排本质上是环境规制的一种，所以该研究方向其实是在研究环境规制对GTFP 的影响。汪克亮（2012）[223]研究发现节能减排和劳动力投入对

GTFP 增长的贡献要大于资本投入和能源投入。周五七（2014）[224]研究发现减少碳排放对工业 GTFP 增长存在促进作用，并且东部地区的促进作用显著高于中部和西部。

2013—2018 年，许多研究围绕 GTFP 的地区差异以及不同区域之间 GTFP 影响因素的差异展开。刘亦文（2018）[225]通过对湖南省各地级市和自治州 2010—2015 年 GTFP 进行测算，比较分析后发现省会城市长沙的 GTFP 最高，各市（州）间的 GTFP 差距较大，并且差距没有逐年缩小的趋势。刘华军（2018）[226]利用省级面板数据，计算了我国东部、中部、西部和东北的 GTFP，并对其进行分解后发现各区域之间 GTFP 差距较大，并且各地区之间技术进步和技术效率对 GTFP 增长的贡献率差异也较大。

在 2017 年以后，GTFP 领域的研究趋势是对 GTFP 的影响因素进行研究。主要研究了环境规制、技术创新、产业结构升级、产业集聚、财政分权、碳排放、智慧城市和数字经济等对 GTFP 的影响。其中，葛鹏飞（2018）[227]研究了不同的技术创新对"一带一路"沿线国家 GT-FP 的影响，发现基础型技术创新和应用型技术创新都可以显著提升 GTFP。张瑞（2020）[228]分别研究了财政支出分权、财政收入分权、产业结构高级化和产业结构合理化对黄河流域 GTFP 的影响。张纯记（2019）[229]研究了生产性服务业集聚对 GTFP 的非线性影响。范洪敏（2021）[230]运用双重差分法，研究了智慧城市试点建设政策对城市 GTFP 的影响。惠宁（2022）[231]研究发现数字经济对制造业 GTFP 有明显的正向影响。减少碳排放是环境规制的目标之一，并且减少碳排放的方法作为环境规制工具的一种，在 2020 提出"碳达峰"和"碳中和"后，有学者将碳排放单独提出来，研究减少碳排放政策对 GTFP 的影响。刘梦（2020）[232]发现减少碳排放量可以有效提升区域 GTFP。臧传琴（2021）[233]利用双重差分模型，对低碳城市试点政策对 GTFP 的影响进行了评估。

从表 2-3 中可以看出，有关 GTFP 引用突现度最高的是环境规制对 GTFP 的影响，并且其研究的突现程度从 2012 年开始到 2022 年，都没有下降。总体来说，目前有关 GTFP 的研究热点是数字经济对 GTFP 的影响，环境规制对 GTFP 的影响、GTFP 影响因素的门槛效应以及

GTFP 与绿色发展的关系。

表 2 - 3　CSSCI 和北大核心文献中有关 GTFP
引用突现度最强的前 15 个关键词

关键词	突现度	开始年份	结束年份	2010—2022 年突现度变化情况
DEA	5.62	2010	2017	
环境规制	6.63	2012	2022	
节能减排	3.38	2012	2015	
SBM	5.96	2013	2022	
地区差异	4.11	2013	2018	
环境效率	4.25	2015	2018	
绿色发展	5.61	2017	2022	
技术创新	4.29	2017	2021	
产业结构	4.11	2018	2021	
门槛效应	4.08	2018	2022	
产业集聚	3.50	2019	2021	
财政分权	3.45	2019	2022	
碳排放	3.26	2020	2021	
智慧城市	3.38	2021	2021	
数字经济	3.96	2021	2022	

数据来源：根据作者计算整理获得。

　　为分析国外有关 GTFP 的研究趋势，本节运用 Citespace 5.8. R3 软件对有关 GTFP 研究主题的文献的关键词突现进行了分析，找到引用次数突现度最强的前 25 个关键词，如表 2 - 4 所示。本节选用了 WOS 数据库，以 "Green Total Factor Productivity" "Green Productivity" "Environmental Total Factor Productivity" "Environmental Productivity" "Ecological Total Factor Productivity" "Ecological Productivity" 为检索关键词，以 1975—2022 年为检索时间跨度，以 SSCI 和 SCIE 为文献来源类别，共获得 2 523 篇文献。在剔除重复文献和与研究领域明显不一致的文献后，共保留 2 500 篇文献。

　　从表 2 - 4 中可以看出，有关 GTFP 的早期研究，主要是在生态学和环境科学领域，主要研究环境生产率与生态系统（ecosystem）的关系（Rockström，2007；Singh，2010）[234,235]、绿色生产率与生物多样性（biodiversity）的关系（Chase，2002；Gross，2016）[236,237]、气候变化（climate change）对 GTFP 的影响以及发展中国家为增加粮食产量而采用新品种和新耕种方法的绿色革命（green revolution）与 GTFP 的关系等。Willig（2011）[238]认为非生物反馈、生物反馈和气候特征可以决定生物多样性与绿色生产率之间的关系，预测气候变化和土地利用变化对研究生物多样性、物种丰富度和绿色生产率之间的关系有重要作用。Watson（2015）[239]通过对美国和中国的大规模森林调查，发现生物多样性对提升生态生产率有促进作用。O'Reilly（2003）[240]研究认为气候变暖会对湖泊的化学和物理性质、生物和生态系统产生影响，会使绿色生产率降低。Murgai（2001）[241]研究了印度和巴基斯坦的绿色革命对农业 GTFP 的影响。Smale（2008）[242]研究了印度的绿色革命对 GTFP 的影响。

2000—2017 年，由于对绿色效率和 GTFP 的概念区分不明确，所以测算 GTFP 的方法主要是生态足迹法（ecological footprint）、碳足迹法（carbon footprint）和水足迹法（water footprint）等常用来测算绿色效率的方法。2017 年后，用 DEA 法测算 GTFP 成了主流方法，DEA方法中包含非期望产出（undesirable output）的 SBM 模型是测度 GTFP的常用方法。

从细分行业来看，对于工业 GTFP（industrial GTFP）和农业GTFP（agricultural GTFP）的研究相对较多。Wang（2020）[243]运用 DEA - biennial malmquist - luenberger（BML）指数法测度了我国工业 GTFP，发现工业 GTFP 存在行业异质性。天然气生产和供应的 GTFP 是工业产业中 GTFP 值最高的，烟草制造业的 GTFP 值是最低的。Chi（2021）[244]基于我国 2000—2018 年的省级面板数据，运用 DEA - GML模型测算了我国农业 GTFP，发现东北和东部的农业 GTFP 要高于中部和西部。

在我国提出绿色发展理念后，我国逐渐成为研究 GTFP 的重要区域，为研究 GTFP 提供了诸多样本。2017 年后，用 GTFP 作为绿色经济增长（green economic growth）和绿色发展（green development）水平的代理指标也成为普遍做法。Zhang（2020）[245]基于我国省级面板数据，用三层级共同前沿 SBM‑global malmquist 模型测算了我国化工业 GTFP，将其作为绿色发展水平的代理变量后，研究了《大气污染防治行动计划》对绿色发展水平的影响。Mohsin（2022）[246] 用 DEA 模型测算了西非经济共同体国家（economic community of western african states，ECOWAS）的 GTFP 后，将其作为绿色经济增长水平的代理指标，研究了技术进步和可再生能源对绿色经济增长的影响。

有关 GTFP 的影响因素研究中，2017 年以前，主要是碳排放（carbon emission）和技术进步（technology progress）对 GTFP 的影响研究。随着有关绿色技术进步的研究增多后，对于分解 GTFP 的研究也随之增多，这些研究分析 GTFP 的增长来源是技术进步还是技术效率。Yao（2021）[247] 选取我国省会城市、直辖市和深圳、厦门等经济特区城市的面板数据，利用 SBM‑GML 模型测度了 GTFP 并对其增长来源进行分解，发现这些重点城市的 GTFP 增长主要来源是绿色技术进步。

2017 年以后，对 GTFP 影响因素的研究扩展到了环境规制、技术创新（technology innovation）、创新能力（innovation capacity）、FDI、空气污染（air pollution）等。Yao（2021）[248] 研究发现金融科技创新对我国中部和西部城市的 GTFP 正向作用较大，对东部 GTFP 的影响较小。Zhao（2022）[249] 使用 Meta‑Frontier DEA 模型测度了我国各省的 GTFP，实证检验绿色技术的研发投入对 GTFP 的影响。

从表 2‑4 中可以看出，目前对于 GTFP 领域的研究趋势，是环境规制（environmental regulation）对 GTFP 影响研究、创新（innovation）对 GTFP 影响研究（Lee，2022）[249]、绿色效率（environmental efficiency）和 GTFP 的影响因素研究（Guo，2022）[250]。

表 2‑4　SSCI 和 SCIE 文献中有关 GTFP 引用突现度最强的前 25 个关键词

关键词	突现度	开始年份	结束年份	1991—2022 年突现度变化情况
生态环境	7.23	1991	2014	
碳足迹	9.51	2000	2017	
绿色革命	12.60	2001	2018	

（续）

关键词	突现度	开始年份	结束年份	1991—2022 年突现度变化情况
气候变化	6.45	2002	2020	
生物多样性	10.77	2008	2017	
碳排放	6.87	2008	2017	
中国	12.50	2010	2022	
技术进步	6.86	2011	2016	
能源效率	10.64	2016	2021	
工业	8.49	2017	2021	
经济增长	7.61	2017	2021	
创新	7.15	2017	2022	
DEA	7.37	2017	2020	
非期望产出	7.26	2017	2018	
定向距离功能	6.93	2017	2019	
环境政策	6.94	2017	2018	
SBM	9.87	2018	2022	
大气污染	8.03	2018	2020	
环境规制	15.48	2019	2022	
FDI	6.98	2019	2020	
波特假说	6.11	2019	2020	
绿色发展	8.23	2020	2022	
绿色效率	8.14	2020	2022	
分解	6.64	2020	2021	
农业	5.15	2020	2021	

数据来源：根据作者计算整理获得。

2.3　文献评述

国内外的众多学者对环境规制与 GTFP 的相关问题展开了大量的研究，综合来看，该领域取得了较为丰硕的研究成果，根据本书对现有的研究结论进行分析可知，现有文献的研究差距主要存在以下四个方面。

（1）现有关于环境规制测度标准的衡量体系还不够全面。为进一步完善环境规制测度标准衡量体系，本书首先使用综合指数法，选取工业二氧化硫去除率（废气）、工业废水处理率（废水）、一般工业固体废物综合利用率（废渣）三个指标，采用熵值法计算合成命令型环境规制强度综合指数。其次，本书使用单一指标法，选取节能环保支出占 GDP 的比重代表市场激励型规制、选取环境信息公开制度代表自愿型环境规制。

（2）从 GTFP 研究样本来看，现有研究主要集中在国家、区域、省份等宏观层面，或是行业或产业等微观层面，基于城市视角的 GT-FP 相关研究较少。从 GTFP 的测算方法看，首先，现有研究对各类环境污染物指标的选取基本是从二氧化碳、二氧化硫、氮化物等空气污染指标中选取某一个或某几个来开展实证研究，忽视了水污染。其次，投入类指标仅包含劳动力和资本投入，忽视了环境资源投入，或是对资源投入类指标仅考虑了单一因素，欠缺对多指标环境资源的约束。

（3）现有研究缺乏将不同区域、不同类型的环境规制工具与 GTFP 纳入同一分析框架进行研究。本书在对环境规制工具进行分类后，运用多种计量方法研究了异质型环境规制对 GTFP 的影响。同时，为了考察区域异质性，本书将整体研究区域划分为东部、中部、西部和东北地区，讨论了环境规制对 GTFP 影响的区域差异。

（4）缺少关于环境规制对 GTFP 空间影响的相关研究。国内外研究文献缺乏在空间上探讨环境规制对 GTFP 影响的研究。现有文献缺乏环境规制与 GTFP 的空间交互关系研究。因此，本书选择空间计量模型，探讨 GTFP 的空间自相关效应和环境规制对 GTFP 影响的空间溢出效应。

2.4　本章小结

本章对有关环境规制和 GTFP 的文献进行了总结梳理。主要对异质型环境规制、GTFP 的影响因素以及环境规制对 GTFP 的影响等方面的现有文献进行了全面的总结、归纳和评述。通过文献综述，归纳出环境规制和 GTFP 领域的研究现状，总结了环境规制和 GTFP 领域的研究趋势，并探讨了本书可以对现有文献的补充之处。通过总结现有文献的研究主题、研究方法和研究结论，为本书的研究路线、实证研究的样本选择、指标选择和计量方法选择提供了思路。

3 | 环境规制对绿色全要素生产率影响的理论机制分析

本章阐述了环境规制对绿色全要素生产率的影响的理论和作用机制。首先对环境规制影响 GTFP 的理论基础进行了阐述；其次，分析了环境规制会产生的各种效应，以及 GTFP 在这些效应下会受到的影响；最后，基于理论分析和机制分析，对环境规制对 GTFP 影响的作用机制、环境规制对 GTFP 非线性影响的作用机制、环境规制对 GTFP 空间溢出效应的作用机制和自愿型环境规制对 GTFP 影响的作用机制进行了分析。

3.1 环境规制对绿色全要素生产率影响的理论基础

讨论环境规制影响 GTFP 问题时，所基于的经济学理论主要包括经济增长理论、政府规制理论、市场失灵理论、利益相关者理论、波特假说理论和资源基础理论，其理论框架图如图 3-1 所示。

3.1.1 经济增长理论

经济增长理论（economic growth theory）在漫长的发展历史中，在经过古典经济增长理论的奠基阶段后，已经发展出新古典经济增长理论和内生增长理论等多种探讨经济增长的理论流派。在这些现代经济增长理论的基础上，结合了对资源环境的考虑后，形成了绿色经济增长理论，可以解释降低环境污染、提高资源利用效率在经济增长中的作用。

Adam Smith 在 1776 年的著作《国民财富的性质和原因的研究》中首次从生产的角度探讨了经济增长的源泉，提出了通过分工来提升劳动

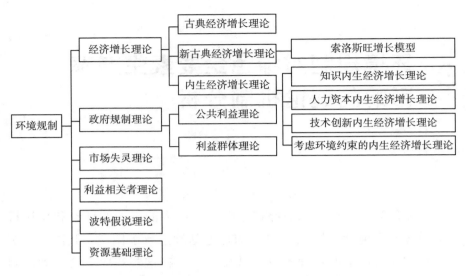

图 3-1　环境规制对 GTFP 影响的理论框架

生产率和增加国民财富的古典经济增长理论[251]。John Stuart Mill 在 Adam Smith、David Ricardo、Thomas Robert Malthus 等的研究基础上，在 1848 年的著作《政治经济学原理》中将劳动、资本、土地、技术和人口等因素都纳入了古典经济增长理论中，为经济增长理论奠定了基础[252]。

Solow（1956）[253]和 Swan（1956）[254]在同年提出了新古典经济增长理论的最主要范式，建立了索洛斯旺增长模型（solow - swan growth model），也叫索洛增长模型（solow growth model）或外生增长模型（exogenous growth model）。索洛增长模型引入了柯布—道格拉斯生产函数，认为在完全竞争市场的条件下，储蓄率和劳动力投入的增加会推动经济持续增长（马晓琨，2014）[255]。

新古典经济增长理论将技术、人口等作为经济增长中的外生变量的做法存在一定局限性，因此 Arrow、Lucas、Romer 等学者将技术进步、技术创新和人力资本等作为内生变量引入经济增长模型中，用来解释经济持续性增长的来源。内生经济增长理论（endogenous growth theory）也叫作新经济增长理论（new growth theory），主要包括 Arrow（1962）[256]和 Romer（1986）[257]提出的知识内生增长理论、Lucas

(1988)[258]提出的人力资本内生增长理论、Romer（1990）[259]提出的技术创新内生增长理论，共同构成了以技术进步为核心的经济增长理论。

考虑了资源环境约束后的经济增长理论主要是以内生增长理论为基础，比如把环境加入生产要素的内生增长理论、考虑了温室气体的气候—经济动态整合理论、可持续增长理论等（李宝良，2018；文书洋，2021）[260,261]。Bovenberg（1995）[262]基于内生增长理论，研究了环境质量与经济增长之间的关系。包含环境因素的内生增长理论认为自然资本和知识资本都具有公共物品的特征，污染加剧时的技术变化和自然环境是经济增长的内生变量，经济持续增长来源是自然环境、实物资本和知识。该理论认为减少污染排放量、增加储蓄和增加对研发部门投入可以推动经济持续增长。Nordhaus（1992）[263]提出了动态整合气候—经济模型（dynamic integrated climate - economy model，DICE），认为气候变化是经济增长的内生变量，气候变化和经济增长之间会互相影响。随着二氧化碳的排放和二氧化碳在大气、陆地、上层海洋、深层海洋等碳库之间的循环会带来气候变化，气候变化会对经济持续增长造成重要影响。经济可持续增长理论重点关注在资源约束下，能源替代和节能技术对推动经济可持续发展中的作用（曹玉书，2010）[264]。该理论认为技术进步或人力资本内生于经济活动，煤炭和石油等不可再生能源的使用会造成较为严重的环境污染和环境损害，可再生能源在能源消费中占比的增加会成为经济持续增长的源泉。

3.1.2　政府规制理论

根据政府规制理论（government regulation theory），环境规制可以解决市场失灵和环境负外部性问题。环境规制也可以对生产者产生规制压力，让生产者减少污染物排放、使用清洁生产技术和进行绿色产品创新等，从而对 GTFP 产生影响。环境规制体现为规范性同构压力、强制性同构压力和模仿性同构压力。这些制度压力的叠加会共同影响生产者环境战略的采纳，而不同的环境战略，进一步会对 GTFP 产生不同影响。同时，为了应对高强度的制度压力，越来越多的生产者开始采用积极型环境战略，来满足环境规制的要求，以获得生产合法性的权利。规制存在的原因可以用公共利益理论（public interest theory）和利益群体理论（interest group theory）来解释。规制的公共利益理论认为需要规制来提高公共利益，而规制的利益群体理论认为规制是用来提高社会上特殊群体的狭隘利益。

根据规制的公共利益理论，由于不完全竞争、信息不对称和外部性，政府会采用规制工具和规制政策对企业和个人的私人行为进行干预。根据规制理论，政府控制不完全竞争的程度。政府可以限制新企业进入特殊产业，以确保某一家或几家企业的垄断地位。并且，政府还要随时调控价格，以免垄断企业过多地侵害消费者的利益。政府还会通过规制方法来解决垄断和寡头企业之间的串谋行为，防止他们进行过度市场势力的兼并。政府利用适当的规制政策可以降低获得信息的成本，减少信息不对称问题。政府通过规制降低了信息成本，使得生产者总体的生产成本不会远远超过收益，提升了生产效率。政府规制还可以解决公共物品和公共厌恶品的问题。私人市场在提供具有非竞争性和非排他性的公共物品时，往往是无效率的。政府提供公共物品会比私人市场有效，并实现提高公共利益的目标。而对于污染排放物这类公共厌恶品，私人市场更是很难对其进行准确的定价。因此，政府规制可以有效地规定公共厌恶品的提供。政府可以通过制度和规则来限制污染物的排放，也可以结合市场，更加有效地对污染物定价。

规制的利益群体理论认为规制会使寻租行为变得更严重。部分利益群体会利用政府规定的对经济活动的限制来确保他们自己的额外利润。从规制中受益的利益群体会游说政府施加对自己有利的政策法规，从而获得额外利润，而他们也会为政府提供租金。因此，政府规制并不一定会对 GTFP 产生正向影响。如果环境规制工具的实施只能为少数利益群体带来好处，只会导致生产者进行生产活动和开发绿色技术的积极性都有所下降，从而降低 GTFP。

3.1.3　市场失灵理论

当市场面对公共厌恶品时，就会出现失灵，所以不能仅依靠市场来决定污染的排放量，或是对污染物进行定价。新古典环境经济学的传统学派认为，环境规制可以纠正环境的负外部性，将负外部性的成本内部化。根据市场失灵理论（market failure theory），排污者不会主动去处理污染排放物导致的环境损害，再加上市场失灵导致市场无法制定合理的污染物价格系统，因此环境规制成为对污染进行定价最有效、最可行的方式。庇古税（pigovian tax）和科斯定理（coase theorem）分别为市场激励型环境规制中的排污费和排污权交易提供了理论基础。

英国经济学家 Pigou 主张对排污者征收排污费或排污税，当污染达到有效率的水平时，排污费恰好等于排放造成的总边际损失。征收庇古税的方式是通过经济利益的刺激来驱使污染者治理污染。其优点是原理比较简单，具体操作和执行过程也较为简单，规制成本较低。同时，庇古税可以为减少污染物排放的治理活动提供资金（智国明，2006）[265]。庇古税通过确定外部性活动的私人成本和社会成本的差额，制定环境税制要素税率。当可以准确获得环境排放物的私人成本和社会成本以及污染者的信息时，就能制定庇古税合理的征税范围、征税对象、税率及征管方式。只有明确排污者的具体名单、排污者的排放量、排污者由于排污获得的收益，确定合理的环境税税制，才能有效地对环境损失进行定价，进一步激励排污者减少污染排放和保护环境，从而提升 GTFP（曹静韬，2016）[266]。

当执行庇古税等环境税费政策时，如果没有产权的初始界定，就可能产生低效率的结果，科斯定理认为恰当定义的产权在市场中可以有效地对物品和污染厌恶品进行配置（Coase，1960）[267]。根据科斯定理，在设计一套有关环境的财产权时，要让权利分配接近有效以及降低与权利交易相关的成本，这样才能提升 GTFP。如果当信息不对称较严重时，会很难准确度量企业进行环境规制的成本和环境污染的损失，生产者就无法对比排污权交易费用和采取自主积极的环境战略的成本，就不会主动使用清洁设备和清洁生产技术，也不会主动使用可再生能源和可循环生产技术，此时就无法有效促进 GTFP 的提升（Coase，1968；吴灏，2016；周令，2016）[268~270]。

3.1.4 利益相关者理论

环境规制首先涉及政府努力引导排污者采取社会期望的行动，排污者希望在达到规制要求后不损害生产利润，但是政府并不总能对排污者施加精准的控制。其次，环境规制还会影响生产者的决策，因为企业不仅需要对股东负责，还需要对所在社区和所在城市的环境、消费者、政府和媒体等其他利益相关者负责。政府需要确定对社会来说什么样的污染水平是最佳的，还需要考虑社会中其他利益群体的环境诉求。利益相关者理论（stakeholder theory）是指生产者为综合平衡各个利益相关者的利益要求而进行的管理活动。利益相关者理论反映了政府、城市生产者和城市消费者之间相互作用。根据利益相关者理论，环境规制可以被视为各利益相关者对环境诉求的集中体现，为了满足不同利益相关者对环境的诉求，城市的生产者，同时也是排污者，会进一步决定采取何种环境战略来满足环境规制的要求，从而对 GTFP 产生影响。

根据利益相关者理论，在环境规制对提升 GTFP 发挥作用的过程中存在两个问题。第一个问题是立法机构不能掌握生产者排污时的具体真实情况。因为立法机构并不能直接控制污染，它仍然依靠发布环境保护法等方式来实现最终目标。这些设计的环境规制政策并不一定对生态保护和节约能源等方面完全有效。而且，由于信息不对称，规制的执行成本对政府和生产者都是高昂的，还可能会导致需要过多的时间才能生效，也许还会导致比规制政策颁布前更高的污染排放。第二个问题是，立法机构把自己当成一个有效率的慈善的社会福利最大化者。规制机构基本的目标是最大化社会福利，并且服从它所面临的规制限制。规制者的目标被视作使生产者和消费者剩余总和最大化。政府、企业和市民都能影响规制者、立法者和司法者。环境规制特别容易受到利益群体的影响。企业是主要的排污者，潜在地受到环境规制，需要选择是否进行绿色创新和绿色生产的环境战略。另一个利益群体即城市中的居民，他们是环境利益群体，会要求立法及规制机构保护环境，现实中的环境规制便产生了（Kolstad，2011）[271]。

具体来讲，政府由立法机构、司法机构和规制者三个分支组成。在我国，国家的立法机构是全国人民代表大会及其常务委员会，地方的立法机构是地方人民代表大会及其常委会，司法机构是法院、检察院和公安，规制者是生态环境部和地方人民政府环境保护主管部门，以及发展改革、工信、水利、气象、能源等部门。立法机构通过法律规定规制者在控制污染中的作为。规制者承担立法机构所制定法律的细节执行问题，规制者的行动受到司法者的调节。但是，立法机构不能直接影响排污者，必须依靠规制者发挥作用，而规制者和立法机构的目标可能不同，所以立法机构无法取得预期环境保护目标。进一步，司法机构可能会调节规制者的行为。

生产者，同时也是城市主要的排污者，如股份制企业，是由股东、债权人、董事会、经理和员工组成。董事会是企业的核心，但同时也受到股票和债券持有者的监管。董事会向企业经理发布指令；经理向员工发布指令；员工生产企业的产品，同时也产生污染。规制者会要求董事会采取环境保护行动，对企业的排污量和产品绿色程度作出规定。但是董事会除了满足规制者之外，还需要满足股东要求的目标，这也就产生了委托—代理问题。因为委托者，即规制者没有能力对代理者，即污染者进行完全控制。而且，企业并不会被动地接受环境规制的要求，而会通过游说或者财政激励来影响立法，这又会产生寻租问题。

城市的居民即消费者，既需要购买和使用企业生产的产品，又同时要面对生产过程排放污染物所带来的环境损失。从另一个角度看，消费者作为人民群众，是立法机构既定的服务对象。这样，消费者可以直接通过人民代表大会投票，对立法机构产生影响，同时在与生产者交换所消费的物品时将资金注入企业。因此，消费者既需要生产者的产品来满足消费需要，又希望政府能通过环境规制限制生产者的污染排放，提供宜居健康的居住环境。

3.1.5 波特假说理论

与新古典环境经济学的传统学派的观点不同，修正学派认为，提升环境绩效可以提高生产流程效率、提高生产率水平、提高产品竞争力、降低合约成本、提高产品的差异化程度和市场竞争力，从而提升企业的经济收益。在此背景下，Porter 提出了"波特假说"（porter hypothesis）。波特假说认为应该将污染视为资源浪费问题，而不一定是产权或外部性问题。从公司的角度来看，减少资源浪费的政策也可以提高利润。他们向企业和公共管理人员传达的信息是，适当的法规可以引导管理层关注资源浪费，从而鼓励企业投资于能够减少浪费的创新。然而，Porter 认为，只有某些类型的法规促进创新。引导企业识别废物的法规还必须赋予他们改变生产流程和内部管理系统以减少废物的自主权。对于他们来说，法规不能规定技术。关键的想法是，应该允许企业尝试节约资源的新方法。因此，适当的监管创造了"双重红利"，即更多的利润和更少的污染[195]。

波特假说理论认为设计恰当且合理的环境规制政策可以引导企业、产业甚至整个区域进行研发和技术创新，生产者通过产品生产过程创新和产品创新，可以获得绿色生产技术、绿色生产设备、绿色生产资料和绿色产品。这样可以更好地提高资源利用率，提高生产效率，或者通过质量更好、安全性更高、更环保的产品来实现产品差异化。环境规制可以激励生产者升级生产程序，通过降低能源消耗或提高治污技术达到环保标准，并在未来的生产中降低成本，也可能促使企业通过创新获得更加绿色环保的新产品，绿色产品显然会更加符合公众对绿色生态环境的要求，从而获得更多的市场份额。因此，环境规制可以通过创新，为企业带来补偿收益，促进 GTFP 的提升。更进一步，如果某个企业或地区采用比其他竞争对手更严格的环境规制政策，由绿色创新带来的经济增长将使该企业或地区掌握新兴的、发达的环保技术和绿色专利。这样就可通过向其他企业或地区销售环保方案和绿色技术而获得优势。因此，从长期的动态观点看，环境规制可以促使一个地区或企业进行绿色生产技术的研发、末端处理排放物技术的研发、清洁能源的使用、绿色产品的创新，从而对 GTFP 产生影响。

但是，当前基于波特假说所获得的研究结论并不一致，主要包括三类：第一，波特假说不成立，即环境规制会导致 GTFP 下降；第二，波特假说成立，即环境规制对 GTFP 的提升有积极影响；第三，波特假说不确定，即环境规制对 GTFP 的影响具有不确定性。具体来看，波特假说成立的关键在于，首先环境规制本身要给绿色技术创新带来较大的便利性；其次，在绿色技术使用方面，环境规制应该允许生产者使用各种不断进步的技术，而不单单限定于使用某一种技术；最后，政府颁布的各项环境规制政策应当具有长期性，以减少各种不确定性。也就是说，只有设计合理的环境规制工具，才能够提升 GTFP（李瑞前，2019）[272]。

虽然大部分争论都集中在自愿项目引导参与者减少污染和改善遵守公法的条件上，但公共管理者也应该考虑这些项目的二阶效应，特别是在监管—创新辩论的背景下。自愿监管计划也可以纳入波特假说提出的创新诱导机制。如果志愿项目旨在改善参与者的内部管理系统，让理性的管理者能够系统地识别资源浪费的领域，那么志愿项目可以刺激创新。此外，项目不得将公司束缚在特定的技术解决方案上。利用这种类型的项目设计，自愿项目可以激励企业创新。从这个角度来看，适当设计的志愿项目可以成为公共管理人员的有用工具，因为它们支持公共管理人员寻求实现的环境和经济目标。

3.1.6 资源基础理论

还有一些文献应用资源基础理论（resource based view）解释环境政策对 GTFP 的影响。随着全球经济的持续进步和生产力的逐步提升，西方主要发达国家先后跨入后工业时代，社会资源空前丰富，企业的竞争也逐渐由大机器的竞争向资源的竞争转变。Wernerfelt（1984）[273]、Barney（1986）[274]等越来越多学者发现对于外部因素的研究无法准确解释处于相同环境中的企业却拥有不同绩效的企业成长之谜，于是研究焦点开始转入组织内部。其中，Wernerfelt 在其关于企业差异化战略的研究中提出资源基础观。

资源基础理论指出对资源的关注是企业进行战略选择的逻辑起点，并强调企业依托异质性资源、知识及能力构建资源位置壁垒是解释企业获取高额利润的关键，这一"资源—知识—能力"视角在为企业资源分配及战略发展提供依据的同时为后续研究指明了方向。在此基础上，Barney 进一步指出企业战略选择依赖于对自身独特资源与能力的分析，认为组织所掌握的信息充分与否对战略资源获取有重要影响，并提出企业获取竞争优势的基础在于其拥有的资源具备价值性、稀缺性、不可模仿性和不可替代性。这类资源不仅包括企业所拥有的资产、设备等物力资本资源，还包括组织结构、品牌、声誉、信息、知识、能力、员工综合素质等在内的组织资本资源与人力资本资源。它们不仅可以帮助管理者制定和实施企业战略，还可以助力企业构建隔离机制，进而通过异质性资源构建、事前竞争限制、资源非完全移动以及事后竞争限制四种资源竞争战略实现企业交易成本的降低与利润的维持，最终实现提升GTFP 的目标。

资源基础理论认为企业可以通过整合利用自身已有资源进而获得竞争力。随着环境问题日益严重，利益相关者越来越关注环境问题，政府、社会公众、社区、媒体、环保组织等也开始越来越多地参与到环境治理中。环境规制的强度越来越大，外部环境压力也越来越大。在此背景下，企业越来越关注自身资源的开发和相应环境管理能力的培养，以妥善解决自身经济发展与外部环境之间的关系。因此，根据资源基础理论，当企业关注自身资源的开发和能力的培养时，可以减少污染物的排放，降低企业面临的环境风险，满足利益相关者的预期，以提升 GTFP。

3.2　环境规制对绿色全要素生产率影响的作用机制分析

3.2.1　作用机制分析基础

环境规制通过限制经济主体或个人关于处理环境关系的行为或行动，达到保护生态环境、促进经济和环境协调发展的目标。首先，环境规制会激励生产者进行生产技术创新和产品创新，增加了产品的竞争力，提高了生产效率，为生产者带来"创新补偿效应"。其次，环境规制政策会惩罚产品不达标或排污不达标的生产者，久而久之将其淘汰掉，即产生"优胜劣汰效应"。再次，环境规制会给被规制对象带来规制成本，生产者为了达到环境规制政策中下达的环保目标，不得不被动地进行环境治理投资，购买清洁生产设备和治污技术，并且绿色产品创新过程中也需要许多费用，从而增加了生产成本，产生了"成本效应"。并且，因为要对绿色生产活动和绿色创新活动进行投资，不得不减少生产中的其他投资，可能会使得生产者的经济收益下降，造成"挤出效应"。最后，部分产业和企业会因为高强度的环境规制，选择转移去环保政策不太严格的城市发展，但会给这些城市的环境造成损害，产生"污染避难所效应"。

（1）创新补偿效应。环境规制的"创新补偿效应"是指地区或企业因为要满足环境规制要求而做出改良生产技术、开发清洁能源、研发绿色产品的一系列创新行为后，提高了自身的生产效率和治污水平，从而抵消了因为环境规制的实施而带来的其他成本。环境规制可以激励生产者的绿色创新力度，以防止遭到处罚或被市场淘汰，并激励企业推出清洁环保型产品，提高了产品的技术含量，从而重新获得市场竞争力。命令控制型环境规制如《大气污染防治法》，会促使生产者对治污技术进行创新，以达到废气污染排放物标准；市场激励型环境规制如排污费，会促使生产者在进行绿色技术创新和支付排污费的成本间进行抉择；自愿型环境规制如 ISO 14000 环境管理标准体系，会促使生产者主动进行污染预防和清洁生产。因此，生产者在达到环境保护标准的过程中，所进行的清洁生产技术创新和清洁产品技术创新，不仅能提高环境收益，还能提高生产过程中的生产效率和经济收益，提高了 GTFP 水平。环境规制通过"创新补偿效应"，抵消了企业或地区的治理污染成本，对行业 GTFP 或区域 GTFP 产生正向效应。

（2）优胜劣汰效应。环境规制的"优胜劣汰效应"是指高污染、高耗能产业和不符合环保标准的产品在面对环境规制时，会被政府和市场逐渐淘汰。首先，因为环境规制，一些高污染、高耗能的产业只能选择转移到环境规制不严格的地区，相当于从本地的产业中被淘汰出去。其次，没有达到环保要求的产品会逐渐被环境友好型产品所替代，而还在生产这类非绿色产品的企业和地区，会被政府逐渐淘汰。再次，由于消费者环保意识的提高，绿色消费观念的增强，会倾向于购买绿色环保的产品，而不符合环保标准的产品会被市场逐渐淘汰。最后，在环境规制政策下，当地政府会对清洁能源产业、清洁生产产业、节能环保产业、生态环境产业、绿色服务产业等绿色产业进行补贴和扶持，会有更多的劳动力和资金流入绿色产业中，而其他高污染产业会被逐渐淘汰。因此，环境规制会通过"优胜劣汰效应"加快产业结构升级、促进产业绿色转型、推进绿色产业发展，从而对 GTFP 产生正向影响。

（3）成本效应。环境规制的"成本效应"指生产者为满足环境规制要求，不得不增加环境污染治理投入，从而增加了生产成本。在实施环境规制后，生产者需要承担治理污染排放物的成本。首先，生产者为了减少废气、废水和废渣的排放量，不得不购买清洁生产技术或是先进的治污技术。其次，生产者因为能源使用的限制，需要购买清洁能源或者投入研发可再生能源。最后，为了使产品达到环境规制标准，还需要投入对环境友好型产品的研发资金。这些都会增加生产者的生产成本。并且，生产者为满足环境规制政策中要求使用的生产设备和污染治理设备，可能会减少劳动力投入和现有生产资源投入，在环境规制初期，会导致产品的竞争力下降，间接增加了生产成本。因此，为达到环境规制要求，生产者的资金需求压力会增加，生产成本会上升，经济收益会下降，从而降低了 GTFP。环境规制通过"成本效应"，直接或间接地增加了生产过程中的生产成本，对 GTFP 产生负向影响。

（4）挤出效应。环境规制的"挤出效应"是指环境保护投资的增加，导致了其他投资机会的减少。达到环境规制的要求和标准，需要一定的投入。首先，为了在短期达到环境规制要求，生产者只能选择对末端治污技术进行投资，购买处理污染排放物的先进设备或是购买可循环技术，来减少污染物的排放。这样会挤占未来绿色生产技术的研发资金和绿色产品的研发资金，并且只投资污染治理技术，并不能实质性地更新生产者的生产技术和产品，还会使得生产者的市场竞争力下降，从而同时降低环境收益和经济收益。其次，由于生产资金有限，在投入治污技术后，势必要减少维持当前生产活动的资金投入，对现有人力资本的投入和现有生产技术的投入发生"挤出效应"。因此，生产者的环境收益可能在短期由于先进的治污技术而得到提升，但是经济收益会下降，GTFP 并不一定会得到提升。环境规制通过"挤出效应"会降低生产者的绿色创新能力，并减少地区或企业的经济收益，对 GTFP 的提升产生负向影响。

（5）"污染避难所"效应。"污染避难所"效应是指生产者会从环境规制政策严格的地区迁移到环境政策相对宽松的地区，对这些东道主地区的环境造成损害。在一些经济发达地区，由于政府不允许以牺牲环境作为经济增长的代价，会制定相对严格的环境规制政策，并且当地民众对居住环境和生态环境的要求会更高，对高污染产业的排斥度也较高，企业会选择将高污染、高耗能的生产线转移到环境规制宽松的地区。这类承接高污染产业的地区，虽然会获得经济利润，但是环境污染会变得更加严重。因此，环境规制会通过"污染避难所"效应对承接高污染产业的地区造成环境污染和生态破坏，从而对 GTFP 产生负向影响。

3.2.2 环境规制对绿色全要素生产率影响的作用机制

根据前文有关环境规制对 GTFP 影响的效应分析，生产者可以引入污染控制技术、增加绿色技术创新投入等环境战略，来增加产品差异性、提升良好的品牌形象、提高资源利用效率、改善与利益相关者的关系，从而减少污染物等非期望产出，增加期望产出，达到提升 GTFP 的目的。当然，生产者也有可能为了满足政府的环境规制要求，不得不将生产资金用于购买清洁技术，导致生产者的经济效益降低，减少期望产出，从而抑制了 GTFP 提升；或者会产生"污染避难所"效应，将污染物转移到环境规制宽松的国家或地区，使其他地区的 GTFP 下降。根据上述关系分析，环境规制与 GTFP 的作用机制如图 3-2 所示。

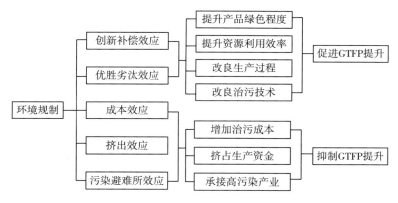

图 3-2 环境规制对 GTFP 影响的作用机制

生产者为满足环境规制要求，会采取污染控制技术来减少污染物的排放，以减轻对自然环境规制的负面影响。在生产完成时，生产者利用末端处理技术，对产生的污染物进行处理和处置。这些末端处理技术通常由第三方提供，生产者可以直接购买，执行起来较为简单，可以使生产者达到短期环境治理目标。随着环境规制越来越严格，生产者通过污染控制技术来减少相应污染物的排放，以减少对自然环境的影响，实现降低非期望产出的目的，从而提升了 GTFP。从政府等规制者角度来看，政府颁布环境规制的主要目的就是解决环境问题的负外部性，减少生产活动对自然环境产生的不利影响。因此，颁布环境规制政策，预期可达到政府目的，保证环境质量。另外，当生产者的污染物排放符合环境规制要求时，政府可能会减少生产者的环境税支出，降低生产者被罚款的风险。政府还会通过环保财政补贴政策，相应增加生产者的经济产出，从而提升 GTFP。

当生产者选择通过绿色技术创新来满足环境规制要求时，会提高污染预防技术水平、升级产品生产方式、提高资源利用效率和生产清洁型产品，生产者会受到技术创新的补偿效应的影响，从而提升了 GTFP。首先，生产者通过技术创新来改变产品的设计或者优化产品的生产过程后，可以降低污染物的排放，同时也可以提高资源的利用效率，达到同时降低投入要素和非期望产出的效果，从而提升 GTFP 水平。其次，当生产者通过提升产品设计或是采用绿色生产技术生产出环境更友好型产品时，生产者可以利用产品的差异来增加销售收入，增加市场份额，达到增加产出的效果，从而提升了 GTFP。另外，当生产者通过技术创新，减少了污染的排放，满足了环境规制要求后，生产者的声誉得到提高。同时，生产者可以通过自愿型环境规制，履行社会责任，生产者的形象也会进一步提升，这样可以改善生产者与利益相关者的关系，降低生产和销售环节的各种风险和不确定性，从而提高生产者的经济效益，使 GTFP 有所上升。

但是，当生产者购买污染控制技术、污染治理设备、投入额外员工进行污染方面的控制和管理时，不可避免地提高了污染治理的成本。这些成本与资本、劳动力等共同作为生产成本，用于产品生产。所以，实施环境规制政策，必然使得在正常的生产之外，额外增加一定的治污成本，会使生产投入要素增加，从而降低 GTFP。另外，对于生产者而言，资金的总量一般是有限的，生产者用来满足环境规制要求的投资，会挤占生产者在其他方面的投资，如生产性投资或者盈利性投资，从而降低生产者的经济产出，导致生产者的 GTFP 下降。

3.2.3 环境规制对绿色全要素生产率非线性影响的作用机制

当波特假说成立时，环境规制会表现出较强的创新补偿效应，生产过程和最终产品的创新都能带来较高的经济收益和环境收益，从而促进 GTFP 提高。生产过程的创新，会使生产资料的利用率有所提高，对于末端排放物的回收利用率和处理率也会提高。产品的绿色创新，使产品的差异化程度更高，可以提升消费者的购买意愿。但是，当波特假说不成立时，挤出效应会在环境规制的影响过程中占据主导位置，使企业完成规制目标的成本变得非常高，无法获得期望收益，从而降低了GTFP。因此，当环境规制表现出不同的效应时，对GTFP影响会发生变化，本书认为环境规制可能会对GTFP产生非线性影响。环境规制对GTFP非线性影响的作用机制如图3-3所示。

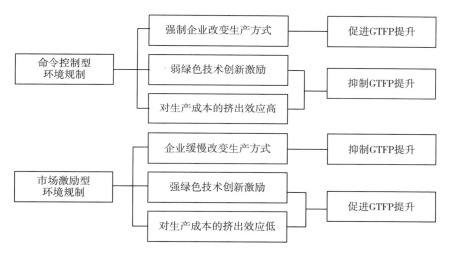

图3-3　环境规制对GTFP非线性影响的作用机制

其中，命令控制型环境规制的执行力度会比较强，强制性高，企业和产业会尽快完成规制目标。生产者在接到规制命令后，会购买符合命令控制型环境规制所要求的生产设备和污染处理设备，从而达到降低环境污染的目标，提升GTFP。但是，因为受到规制时间的限制，且规制具有强制性，进行生产过程绿色创新和产品创新的意愿并不足，在长期可能会降低GTFP。并且，由于购买清洁技术和清洁设备的支出会增加企业的日常成本，挤占生产资金，有的企业甚至会无法维持之前的生产水平，也会降低GTFP。因此，本书认为命令控制型环境规制会对GTFP产生非线性影响。

市场激励型环境规制的见效时间一般会晚于命令控制型。所以在规制执行的初期，可能会表现出对GTFP的抑制作用。但是，市场激励型环境规制能够给予被规制者更多的自由和选择权，使被规制者具有更多的创新动力。市场激励型环境规制更倾向于让被规制者通过生产过程和产品的绿色创新来达到降低环境污染、提高资源利用率等目标，会表现出更强的创新补偿效应，从而提升 GTFP。并且，由于可以交易排污量，企业的资金压力比较小，规制带来的基础效应较低，不会对 GTFP 产生负向影响。因此，本书认为市场激励环境规制会对 GTFP 产生非线性影响。

3.2.4 环境规制对绿色全要素生产率空间溢出效应的作用机制

根据"污染避难所"效应，本地的环境规制政策比较严格时，会使得本地高污染企业迁移到邻近城市，影响邻近城市的经济和环境发展。邻近城市在接收这些迁移来的高污染企业或产业后，经济水平会有所增长，但是这些企业也会因为污染排放问题，或是能源消耗问题，给城市的环境带来负面影响。如果邻近城市在承接高污染产业之后，对污染产业进行治理，提高生产效率、提高治污效率、提高资源利用率和提高产品清洁程度，就会使整个产业逐步变得清洁绿色，也会使生态环境和经济水平都得到提升。因此，环境规制可以通过"污染避难所"效应直接地影响邻近城市的 GTFP。

根据政府规制理论，本地的环境规制政策还会因为影响了邻近城市利益群体的利益，邻近城市的政府会对现有环境规制政策做出调整，比如增加节能环保支出，邻近城市的环境规制会对该市的 GTFP 产生影响。因此，本地环境规制还会通过先影响邻近城市的环境规制，再间接影响邻近城市的 GTFP。环境规制对 GTFP 影响的空间溢出效应作用机制如图 3-4 所示。

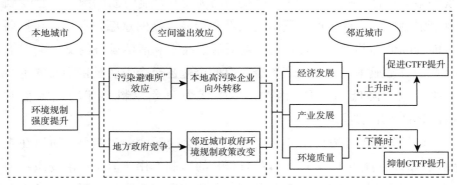

图 3-4　环境规制对 GTFP 的空间溢出效应作用机制

3.2.5 自愿型环境规制对绿色全要素生产率影响的作用机制

根据资源基础理论，自愿型环境规制可以使生产者在进行环境规制的过程中获得更良好的声誉。声誉可以提高产品的竞争力，从而使生产产品的企业获得经济收益。并且，根据资源基础理论，自愿型环境规制还会使企业自主研发绿色产品、绿色生产技术和绿色治污技术等，从而获得绿色技术专利，进而提高企业的经济收益和环境收益。

根据波特假说，自愿型环境规制也可以纳入波特假说提出的创新诱导机制，适当设计的自愿型环境规制可以实现环境和经济共同发展的目标。如果自愿型环境规制政策的目的在于改善参与者的内部管理系统，让理性的管理者能够系统地识别资源浪费的领域，那么自愿型环境规制可以有效地刺激创新，如果能产生有效的绿色创新，也会促进 GTFP 的提高。并且，自愿型环境规制相比于命令控制型环境规制，不会将规制目标限定在技术解决方案上，可以更好地激励企业进行创新，而不仅是购买清洁技术。

自愿型环境规制能提高污染企业的被关注度和公众参与环境保护的程度，在提高了城市各个群体的环境保护意识后，通过优胜劣汰效应淘汰掉对环境不友好的企业，而留下低耗能、低污染的环境友好型企业，从而对整个城市的 GTFP 产生正向影响。并且，自愿型环境规制的规制成本较低，也不会占用生产者太多的生产资金，与命令控制型和市场激励型环境规制相比，其成本效应较低，从而不会对 GTFP 产生负向影响。自愿型环境规制对 GTFP 影响的作用机制如图 3-5 所示。

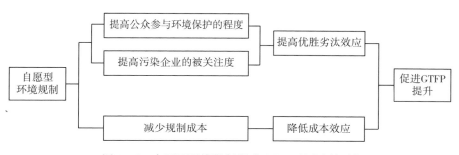

图 3-5 自愿型环境规制影响 GTFP 的作用机制

3.3 本章小结

本章首先对经济增长理论、政府规制理论、市场失灵理论、利益相关者理论、波特假说理论和资源基础理论等有关环境规制和 GTFP 的经济学理论进行了阐述。环境规制是政府规制的重要组成部分，也是在出现市场失灵时，解决环境负外部性的有效手段。合理的环境规制政策可以有效地促进经济增长，解决市场失灵、提升生产者自身资源开发能力，并满足利益相关者需求。之后，本章又对环境规制影响 GTFP 时所形成的效应进行了分析。其中，创新补偿效应和本地的"污染避难所"效应会使 GTFP 上升，而成本效应、优胜劣汰效应、投资挤出效应和基于 FDI 的"污染避难所"效应会使 GTFP 下降。最后，本章在理论依据和效应分析的基础上，分别分析了环境规制对 GTFP 产生线性和非线性影响的作用机制、环境规制对 GTFP 空间溢出效应的作用机制以及自愿型环境规制对 GTFP 的作用机制。本章通过对环境规制影响 GTFP 的理论分析和机制分析，为后续实证研究的展开奠定了理论基础。

4 | 绿色全要素生产率的测算与分析

本章首先运用包含非期望产出的超效率 SBM–GML 指数模型，对我国城市 GTFP 水平进行了测度，然后，将我国按照东部、中部、西部和东北地区进行区域划分后，分析了全国整体和各区域 GTFP 的时间变化趋势以及它们的空间变化趋势。

4.1 全要素生产率测算方法比较

索洛基于 Cobb–Douglas 生产函数 $Y_t = A_t L_t^\alpha K_t^\beta$，以规模报酬不变和希克斯中性技术进步作为基本假设，计算效率系数 A_t 的变动率。效率系数的变动率就是全要素生产率。全要素生产率指标所反映的应当是所有生产中投入的生产要素的综合效率。测算全要素生产率的方法有参数法、半参数法和非参数法，下面将对这三种方法进行介绍。

4.1.1 参数法

参数法是需要事先假设具体的生产函数再进行测算 TFP 的方法，主要包括索洛余值法和随机前沿法（stochastic frontier analysis，SFA）。索洛余值法通过估计劳动力和资本的产出弹性系数来计算 TFP。对弹性系数运用最小二乘法（ordinary least square，OLS）进行估计是经典和常用的方法。郭庆旺（2005）[275] 研究发现索洛余值法估算出的我国全要素生产率增长率波动较为剧烈，但是其总体变化趋势与 1979—2004 年我国的宏观经济情况较为吻合。陈颖（2006）[276] 运用索洛余值法测算了我国高新区及其所在城市的全要素生产率和科技进步贡献率。刘洪（2018）[277] 在引入一组势效系数调整了弹性系数的计算公式后，采用

OLS 进行回归分析，计算了资本、劳动和科技进步对湖北省 TFP 增长的贡献率。盛来运（2018）[278]运用索洛余值法测算了我国 1979—2017 年的 TFP，并通过分析 TFP 的变化趋势，预测 2021—2050 年 TFP 对我国经济增长的贡献率会稳定上升。刘云霞（2021）[279]运用一阶差分 OLS 估计，计算了我国的全要素生产率和广义技术进步率，发现在 2008 年金融危机后，由于政府扩大了资本投资，2008—2019 年的全要素生产率都显著低于同期的广义技术进步率。Lee（1997）[280]通过构建随机形式的 Cobb‑Douglas 生产函数，运用 OLS 估计，计算并比较了非石油生产国和经济合作与发展组织国家的全要素生产率。Miller（2002）[281]利用 OLS 回归模型计算了高收入、中等收入和低收入国家的 TFP，并采用固定效应模型计算和比较了这三类国家 TFP 的趋同度。为了缓解 OLS 模型的内生性问题，可以采用固定效应模型（fixed effects model，FE）、广义矩估计（generalized method of moments，GMM）、工具变量法（instrumental variables，IV）、olley‑pakes 方法（OP）和 levinsohn‑petrin 方法（LP）等对弹性系数进行估计（Blundell，1998）[282]。王璐（2020）[283]运用固定效应模型估计了我国农业全要素生产率，并采用 olley‑pakes 协方差分解法对全要素生产率的增长率进行了分解。Higón（2011）[284]分别用 OLS、FE 和 GMM 估算了英国工业企业的 TFP，认为 GMM 的估计结果更加有效，并发现 OLS 和 FE 会高估劳动力的系数，低估资本的系数。Wooldridge（2009）[285]在对生产函数差分后，用投入变量（包括自由变量劳动力和状态变量资本）的滞后项作为投入变量的工具变量，再采用 GMM 法对 TFP 进行估计，并证明了这种估计方法比半参数法更加有效率，估计结果也更加稳健。为了解决 Wooldridge 在加入滞后项后损失观测值的问题，Rovigatti（2018）[286]采用动态面板工具变量法估计了智利的企业全要素生产率，并发现随着企业数量的增加，动态面板工具变量法的估计结果优于 Wooldridge 提出的工具变量法。

索洛余值法的优点主要是基础模型简单，且符合经济原理，但仍然存在以下缺点。首先，Jorgenson（1967）[287]认为索洛余值法计算出的 TFP 实际上是测算误差，这是由于对真实的投入和产出的测算不够准确，以及忽略了知识的积累进步与其他资本积累的过程同样会受到经济

规律的支配所导致的。其次，索洛余值法的前提假设不够合理。Hicks
中性技术进步的假设和不变的规模收益假设，在现实经济社会中难以存
在。因为要素结构对产出有影响，所以资本和劳动产出弹性不变不合
理。并且，现实中存在规模经济和规模不经济的情况，所以不能假设规
模报酬不变（段文斌，2009）[288]。并且，在规模报酬不变的假设下，劳
动力的贡献率可能会出现负值（秦艳红，2009）[289]。最后，尽管改进的
索洛余值法去掉了规模报酬不变的假设（薛勇军，2012）[290]，但仍然认
为技术是有效的。可是，现实生产中会出现技术无效率的情况（钟世
川，2017）[291]。

随机前沿生产函数法（SFA）是更贴近实际的方法。Farrell
（1957）[292]和 Aigner（1977）[293] 提出并完善了 SFA 法，Meeusen
（1977）[294] 在此基础上提出了用具有组合误差项的效率模型来估算前沿
生产函数。Meeusen（1977）[295] 还通过具有组合误差的 Cobb - Douglas
前沿生产模型的极大似然估计，实证发现大公司比小公司的技术效率更
高，也就是说，大公司相对小公司更接近生产前沿。Christensen
（1971，1973）[296,297] 构造了超越对数生产函数，可以反映不同投入要素
技术进步的快慢差异。之后，Battese（1988，1992，1995）[298~300] 建立
了基于超越对数生产函数的面板随机前沿生产函数模型，是目前较为常
用的 SFA 模型。Atkinson（2003）[301] 分别运用 SFA 和 DEA 计算了美
国电力企业的全要素生产率，并认为在估算行业的全要素生产率时，
SFA 的计算过程和结果比 DEA 更加准确和合理。为了解决 SFA 中存
在的解释变量与误差项相关的问题，O'Donnell（2014）[302] 利用 SFA 和
贝叶斯模型，再运用马尔科夫链蒙特卡洛（MCMC）方法估计参数值，
计算了美国各州的农业全要素生产率。Fan（2021）[303] 考虑到缺失价格
信息时 SFA 计算 TFP 的影响后，先采用 SFA 计算了技术效率，再结
合半参数 Malmquist 指数法测算了我国农业 TFP。Gupta（2021）[304] 通
过计算印度 1981—2019 年甘蔗生产行业的 TFP 变动率，发现对于资本
和劳动密集而技术投入不足的产业，SFA 法计算出的 TFP 变动率相对
于 DEA 法更加平稳。国内学者也将 SFA 广泛应用到测算行业 TFP 和
区域 TFP 领域。张丽峰（2013）[305] 采用 SFA - Malmquist 估计了我国
各省份 1995—2000 年的区域 TFP，结果表明我国东部省份的 TFP 增长

速度快于西部省份。王良健（2014）[306]以耕地投入产出函数为基础构建了 SFA 模型，测算了我国 2001—2011 年地级市的耕地利用效率。杨悦（2014）[307]运用基于超越对数函数的 SFA 法测算了我国战略性新兴产业的 TFP。丁利春（2022）[308]运用基于替代弹性不变生产函数的 SFA 法，对山西省的非能源要素和能源要素之间的替代弹性、技术进步水平和能源要素技术进步水平进行了估计。

SFA 考虑了随机因素，比如资本或劳动力的变化的影响。这样可以避免异常值可能带来的较大测算误差（杨莉莉，2014）[309]。SFA 具有统计特性，允许对回归模型的参数和模型本身进行统计检验（蒲勇健，2014）[310]。并且，超越对数形式的 SFA 方法比索洛余值法更加灵活。它可以避免由于函数误设而带来的偏差，模型的拟合效果也更加良好，同时解决了投入要素的内生性问题（朱承亮，2011）[311]。但 SFA 也存在以下缺点：首先，SFA 无法识别残差项的具体分布形式，一般只能假定残差项服从某种非负分布。但是残差项的设定偏差会直接影响技术效率的测算，从而导致 TFP 的测算结果不够稳定。其次，SFA 需要确定具体的生产函数形式，所以需要比非参数法更多的计算量来确定函数的参数。最后，SFA 方法为单方程模型。因此只能用于测算单一产出的 TFP 值。当需要计算多类产出时，SFA 方法的适用性较差（许永洪，2020）[312]。

4.1.2　半参数法

半参数法是同时建立了参数和非参数关系，并在生产函数中一起加以估计的方法。主要包括 olley‐pakes（OP）法、levinsohn‐petrin（LP）法和 ackerberg‐caves‐frazer（ACF）法。OP 法是一种用来估计生产函数的弹性系数的两步估计法（Pakes，1995；Olley，1996）[313,314]。OP 法假设投资是关于生产率单调递增的函数，这可以求出全要素生产率关于投资的反函数。并且假设劳动力和中间投入是自由变量，资本存量是由上一期投资政策函数决定的状态变量。在第一阶段，用半参数法来估计自由变量的系数。第二阶段，在全要素生产率的动态变化下确定投资的参数。OP 法通过使用企业投资作为未观测到的生产率的工具变量进行估计，从而解决了内生性问题。但是，真实的公司数据在投资中会出现零值，无法满足投资关于生产率严格单调递增的假设，这就限制了 OP 的应用范围。因此，Levinsohn（2003）[315] 提出了以中间投入作为生产率的工具变量进行测算 TFP 的 LP 法，但这一方法存在自由变量不独立于工具变量时存在偏误问题，因为 LP 法假设劳动力和工具变量中间投入是同时分配的。Ackerberg（2006，2015）[316,317] 提出了把劳动力引入工具变量函数中的 ACF 法，解决了 OP 和 LP 可能出现的函数模型共线性的问题。

Yasar（2008）[318] 介绍了一个 Stata 命令来实现 OP 法，并证明了当存在同时性偏差和选择性偏差时，自由投入变量的系数会产生向上的偏误，固定投入要素的系数会产生向下的偏误。Harmse（2010）[319] 采用 OP 半参数估计，估算了南非制造业企业的全要素生产率。Van Beveren（2012）[320] 分别使用 OLS、FE、GMM、OP 和 LP 法对索洛余值模型进行参数估计后，测算出了比利时食品和饮料行业的 TFP，对比发现只有 FE 估计后 TFP 显著偏高，LP 法下的 TFP 相对较低但不明显，OLS、GMM 和 OP 法测算出的 TFP 基本没有差别。Brandt（2012）[321] 采用 ACF 法对我国 1998—2007 年制造业企业的 TFP 进行了估算，发现我国加入世界贸易组织后的制造业 TFP 有了大幅度提升。Hyytinen（2016）[322] 采用 OP 法测算了芬兰商业企业的 TFP。Wang（2021）[323] 采用 LP 法测算了 2014—2018 年我国上市公司的企业 TFP。才国伟（2012）[324] 采用 OP 法估计了外资控制权、企业异质性与 FDI 等控制变量对我国工业企业产出的影响。张倩肖（2016）[325] 采用 LP 法测算了我国省级全要素生产率的变动情况。艾文冠（2017）[326] 使用 OP 法测算了 2010—2013 我国上市公司的 TFP。朱灵君（2017）[327] 在分别使用 OP、LP、OLS 和 FE 测度了我国食品工业 TFP 后，对比发现 LP 法可以缓解同时性偏差，但不能解决选择性偏差，而 OP 法在一定程度上可以同时缓解同时性偏差和选择性偏差。葛金田（2019）[328] 在考虑了劳动力价格扭曲的情况下，使用 ACF 法测算了我国 2008—2013 工业企业的 TFP 值，发现适度的劳动力市场价格扭曲会促进企业 TFP 的提高，但过度的价格扭曲会阻碍 TFP 的提高。

半参数法的优点首先是不需要特定的函数形式，使用比较灵活。其次，半参数法作为参数法和非参数法的有机结合，非参数部分用于描述次要的干扰因素的影响，参数部分可用于刻画主要的确定性影响因素对产出和生产率增长的影响。因此，半参数法可以保证模型对于产出和TFP的测算更接近实际，提高了模型的解释能力，还减小了模型的计算误差（金剑，2006）[329]。并且，相比于参数法，半参数法不仅是纯粹的数学规划方法，可以考虑企业在做生产决策时的结构性。半参数法在估计 TFP 时也存在以下缺点：首先，由于半参数法对自由投入变量的需求和未观测到的生产率变动进行了结构性假设，因此需要获得面板数据，或特定条件下的重复截面数据（Verbeek，2005）[330]。其次，由于不可观测的生产率冲击的存在，半参数法还需要所有外生变量都表现出时变队列特异性，以及足够大的样本数量来减少小样本偏差，所以不太适合用于估算区域 TFP。最后，半参数法作为用来解决索洛余值法测算 TFP 时的内生性问题的方法，同时也具有索洛余值法的缺点（Jang，2020）[331]。

4.1.3　非参数法

非参数法不需要设定先验的生产函数，而是通过获得样本点的观测数据后直接利用线性优化给出距离函数和边界生产函数来测算 TFP。代表方法是数据包络分析法（data envelopment analysis，DEA）。DEA 利用线性规划技术和最小凸包络方法确定生产前沿，分析决策单元（decision making unit，DMU）的最优化努力程度（周五七，2015）[332]。Charnes（1978）[333]提出了 charnes - cooper - rhodes（CCR）模型，是最早的 DEA 模型，CCR - DEA 在规模报酬不变的假设下，可以计算决策单元的技术效率。Banker（1984）[334]在 CCR - DEA 的基础上，提出了规模报酬可变的 banker - charnes - cooper（BCC）模型，BCC - DEA 主要用来计算技术效率与规模效率的比值，即纯技术效率。CCR 和 BCC 的缺点是无法比较评价多个有效决策单元的效率，为此 Andersen（1993）[335]构建了超效率 DEA 模型（super - efficiency DEA）。超效率 DEA 不纳入被评价的决策单元，同时要求无效决策单元的生产前沿面不变，而有效决策单元的生产前沿面后移。这样算出的投入增加比例就是超效率值，这样计算出的效率值将不再限制在 0～1 的范围内，而是允许效率值超过 1。

Tone（2001）[336]提出了非径向、非角度的 slacks－based measure（SBM）DEA 模型。与 CCR 和 BCC 模型相比，首先，SBM 作为非径向 DEA 模型，能直接处理输入过剩和输出不足，而 CCR 和 BCC 不考虑松弛变量，是基于输入向量的按比例缩减或基于输出向量的按比例增加。其次，SBM 满足单元不变性和关于松弛变量的单调性性质。此外，SBM 在测算效率值时依赖于参考集，所以效率值不受统计数据的单位影响。最后，SBM 作为非角度 DEA 模型，不需要考虑投入导向和产出导向问题。Tone（2002）[337]提出了超效率 SBM（SBM of super－efficiency，super SBM）模型，解决了 SBM 不能评价效率值大于 1 的决策单元的问题。因为对于能源 TFP 和绿色 TFP 等的测算时，不仅要基于投入最小化和产出最大化的假设，还需要考虑生产过程中污染排放物等非期望产出，所以 Chung（1997）[338]提出了包含非期望产出的径向方向距离函数，使投入和非期望产出最小化，同时期望产出最大化。更进一步地，Seiford（2002）[339]构造了将非期望产出转化为期望产出的非期望产出 DEA 模型。Cooper（2007）[340]提出了包含非期望产出的 SBM 模型。Li（2013）[341]提出了包含非期望产出的 Super－SBM 模型，并将该模型运用于测算我国的区域环境效率。

有关 DEA 测算效率的实证研究中，Zhu（2001）[342]讨论了超效率法在 DEA 灵敏度分析中的应用，认为使用超效率 DEA 模型可以很容易地实现 DEA 效率分类的灵敏度分析，超效率值可以被分解为某一特定测试前沿决策单元和其他决策单元两个数据扰动分量。Serrano－Cinca（2005）[343]用基于多元统计分析的 DEA 法测算了 2000—2002 年互联网行业上市公司的投入产出效率值。Rashidi（2015）[344]运用包含非期望产出的非径向 DEA 模型测算了经济合作与发展组织国家的生态效率值。Cantor（2020）[345]系统性地介绍了网络 SBM 模型，与其他标准 SBM 模型的区别是，网络 SBM 模型还需要考虑决策单元的内部网络结构。张恒（2019）[346]运用超效率 DEA 模型测算了长三角城市群科技服务业效率。杜浩（2021）[347]使用三阶段超效率 DEA 模型测度了 2007—2016 年我国主要沿海港口的运行效率。黄玛兰（2022）[348]运用包含非期望产出的 Super－SBM 模型测算了湖北省农业生态效率。周小刚（2022）[349]使用三阶段 DEA 方法分析了我国高等教育的投入产出效率。

为了测算 TFP，Caves（1982）[350]，Färe（1992）[351]，Fare（1994）[352] 和 Färe（1998）[353] 等学者使用了 DEA 来估计 Malmquist 生产率指数（Malmquist，1953）[354]，将 Malmquist 生产率指数从理论指数变成了实证指数。生产率指数法（productivity index）可以评估决策单元在两个时期之间的全要素生产率变化。在 DEA - Malmquist 模型中，TFP 变动通常被定义为效率变化和技术变化（即前沿转移）的产物，效率变化反映了 DMU 在多大程度上提高或降低了其效率，而技术变化反映了两个时期之间效率边界的变化（Tone，2004；Fare，2011）[355,356]。Chambers（1996）[357] 开发了基于 Luenberger 生产率指数（Luenberger，1992）[358] 的 DEA 模型。Luenberger 指数在分解 TFP 时形式上是加法，而 Malmquist 指数是乘法。因为 Malmquist 指数是基于产出或投入的 Shepard 距离函数，无法将非期望产出纳入测算框架，为了解决这一问题，Chung（1997）[359] 提出了基于方向性距离函数（directional distance function，DDF）的 malmquist - luenberger（ML）指数。但是，Malmquist、Luenberger 和 ML 指数都具有不可循环性、不可传递性和线性规划无可行解的缺点，Pastor（2005）[360] 提出了 Global Malmquist - Luenberger（GML）指数法，GML 指数及其每个组成部分都是可以循环累乘的，可以对 TFP 变化及其分解进行单一度量，并且不会出现无可行解的情况。

Oh（2010）[361] 分别运用 GML、ML、Global Malmquist 和 Malmquist 指数测算了 OECD 国家的 TFP，发现用不包含非期望产出的 Global Malmquist 和 Malmquist 指数法测算出的 TFP 值明显高于考虑了非期望产出的 GML 和 ML 测算出的 TFP，并且 GML 的测算过程是最简单的，测算结果也最可靠。Fuentes（2015）[362] 使用 DEA - Malmquist 法分析了 2004—2006 年西班牙税务局的 TFP 增长情况。Cao（2019）[363] 利用 2009—2015 年我国省级面板数据，运用 DEA - Malmquist 测算了我国的生态 TFP。Xu（2022）[364] 使用 DEA - GML 指数法测算了我国 2010—2017 年道路运输部门的 GTFP 值。章祥苏（2008）[365] 运用 DEA - Malmquist 指数法对我国各省的 TFP 的增长率进行了测算和分解，发现无论对现实技术采用规模报酬不变的假设还是规模报酬可变的假设，由 DEA - Malmquist 指数法得到的 TFP 增长率都是相同的，不同的只是对增长率进行分解后，得到的技术效率变动、技术进步和规模报酬变动的贡献率是不同的。吕连菊（2017）[366]用 DEA - ML 指数法测算了我国各省的全要素生产率，并对 TFP 进行了分解。尹朝静（2018）[367]运用 DEA - Malmquist 计算了我国 1978—2016 年省级农业 TFP，并对 TFP 增长进行了分解，发现大多数省份的农业 TFP 增长是由偏向型技术进步贡献的，并且农业技术进步偏向节约劳动力要素。王兵（2020）[368]运用 SBM 模型和 Luenberger 指数测算了 1993—2017 年我国各省的农业 GTFP。白雪洁（2021）[369]在考虑了价格因素后，使用可以从 TFP 增长中分解出成本技术变化的 Global Cost Malmquist 指数法，估算了我国的全要素生产率，她认为我国的 TFP 存在被高估的情况，这一现象是价格扭曲后的资源错配导致的。钟丽雯（2021）[370]运用 BCC 模型和 Malmquist 指数计算了广西壮族自治区的农业生产效率和农业 TFP。李德山（2021）[371]运用 SBM 模型测度了山西省地级市的城市环境效率，再使用 Sequential Malmquist 指数测度其环境 TFP。胡剑波（2022）[372]运用 Super SBM 模型测算了我国产业部门的环境效率，并结合 Malmquist 指数计算了我国产业部门的环境 TFP，发现我国产业部门环境全要素生产率的增长动力主要来源于技术因素。

使用非参数法计算全要素生产率的优点首先是 DEA 模型可以对多投入、多产出的决策单元进行效率评价，并且不需要事先设定具体的生产函数。DEA 只需要获得样本点的观测数据后就能直接利用线性优化给出距离函数和边界生产函数对生产率进行测算。所以 DEA 可以有效地测算出复杂巨系统的生产率数值（唐德才，2019）[373]。其次，DEA 可以将 TFP 提高中效率提升的贡献与技术进步的贡献分离开来。再次，DEA 模型具有单元不变性，测算结果不受统计数据的影响。最后，DEA 模型中投入要素的权重由数学规划根据数据产生，而不需要事前设定，这样可以避免人为主观因素的影响。非参数法的缺点：第一，DEA 计算的是第 $t+1$ 时刻与第 t 时刻两个相邻时刻的相对 TFP 值，而不能得到 TFP 的绝对值（王艳芳，2019）[374]。第二，非参数法没有考虑到样本的随机因素，随机干扰项被当作效率因素来处理，这就会造成很大的测量误差。但是，当随机干扰较少且价格信息不可用时，比起参数法和半参数法，非参数法被认为是用来计算 TFP 更好的选择（Fare，

1994)[375]。并且，在数据测量误差较小、截面之间生产技术存在异质性和可变规模报酬的情况下，DEA 法是目前测算 TFP 最优的方法[376]。

4.2 城市绿色全要素生产率测算模型与方法

通过对 4.1 中参数法、半参数和非参数方法的比较分析，在数据测量误差较小、没有价格信息、截面之间生产技术存在异质性和可变规模报酬的情况下，DEA 模型是测算 GTFP 较有效的方法。因此，本章选择包含非期望产出的 Super - SBM 模型对 2005—2019 年我国 288 个地级市及直辖市的城市绿色效率进行测度，并结合 GML 指数测算其城市GTFP。

4.2.1 包含非期望产出的 Super - SBM 模型

非参数 DEA 模型可以有效地测算决策单元的效率值。因为 CCR -DEA 和 BCC - DEA 模型不适用于在投入和产出可能发生非比例变化时测量效率，也无法包含非期望产出，而 SBM 模型无法有效细化处于最优状态，即效率值等于 1 时的决策单元之间投入产出相对效率值，所以本书选择了可以解决以上问题的 Super - SBM 模型，用来测算包含非期望产出的城市绿色效率。

假设生产过程中有 n 个决策单元（DMU），每个 DMU 由三个向量组成：投入（$x \in R^m$）、期望产出（$y \in R^e$）和非期望产出（$b \in R^f$），其中 m，s_1，s_2 分别是投入、期望产出和非期望产出的数量。分别定义为如下 $\boldsymbol{X}$，$\boldsymbol{Y}$ 和 $\boldsymbol{B}$ 矩阵：

$$\boldsymbol{X} = [x_1, x_2, \cdots, x_n] \in R^{m \times n},$$
$$\boldsymbol{Y} = [y_1, y_2, \cdots, y_n] \in R^{s_1 \times n},$$
$$\boldsymbol{B} = [b_1, b_2, \cdots, b_n] \in R^{s_2 \times n},$$

其中，$\boldsymbol{X} \geqslant 0$，$\boldsymbol{Y} \geqslant 0$，$\boldsymbol{B} \geqslant 0$。定义生产可能性集合如式（4 - 1）所示：

$$P = \left\{ (x, y, b) \mid x \geqslant \boldsymbol{X}\lambda, y \leqslant \boldsymbol{Y}\lambda, b \geqslant \boldsymbol{B}\lambda, \sum_{i=1, \neq 0}^{n} \lambda_i = 1, \lambda \geqslant 0 \right\}$$

$$(4 - 1)$$

其中，λ 是权重向量，$x \geqslant \boldsymbol{X}\lambda$ 代表实际投入水平大于前沿投入水平，$y \leqslant \boldsymbol{Y}\lambda$ 代表实际期望产出水平小于前沿期望产出水平，$b \geqslant \boldsymbol{B}\lambda$ 代表实际非期望产出大于前沿非期望产出水平，$\sum_{i=1,\neq 0}^{n} \lambda_i = 1$ 代表假设生产前沿规模报酬可变。然后，本书参考 Li（2013）[341]，Li（2014）[377] 和 Chen（2019）[378] 的研究，在规模报酬可变的假设下，构建如下包含期望产出的 Super－SBM 模型用来测度 DMU$(x_0，y_0，b_0)$ 的效率水平，如公式（4－2）所示：

$$\delta^* = min \frac{\dfrac{1}{m} \sum_{i=1}^{m} \dfrac{\overline{x}_i}{x_{i0}}}{\dfrac{1}{s_1+s_2} \left(\sum_{r=1}^{s_1} \dfrac{\overline{y}_r}{y_{r0}} + \sum_{r=1}^{s_2} \dfrac{\overline{b}_r}{b_{r0}} \right)} \qquad (4-2)$$

subject to

$$\overline{x} \geqslant \sum_{j=1,\neq 0}^{n} \lambda_j x_j$$

$$\overline{y} \leqslant \sum_{j=1,\neq 0}^{n} \lambda_j y_j$$

$$\overline{b} \geqslant \sum_{j=1,\neq 0}^{n} \lambda_j b_j$$

$$\sum_{i=1,\neq 0}^{n} \lambda_i = 1$$

$$\overline{x} \geqslant x_0，\ \overline{y} \leqslant y_0，\ \overline{b} \geqslant b_0，\ \overline{y} \geqslant 0，\ \lambda \geqslant 0.$$

其中，δ^* 是 DMU 的绿色效率值，$\overline{x}$，$\overline{y}$，$\overline{b}$ 分别是投入、期望产出和非期望产出的平均值。如果 $\delta^* \geqslant 1$，则 DMU 处于生产前沿面上，是有效的，且 δ^* 越大表明该 DMU 越有效率。如果 $0 < \delta^* < 1$，则表明 DMU 是无效率的，需要对投入量和产出量进一步改进。

4.2.2 Global Malmquist－Luenberger 生产率指数模型

GTFP 同时考虑了实际生产与生产前沿面的相对关系和每个单元生产前沿面边界的变化，所以 *GTFP* 可以被分解为效率变化和技术进步水平[137]。因此，用 Super－SBM 测算了静态效率值后，再利用 GML 生产率指数法测算效率值的动态变化，就可以得到 *GTFP*。相比于 Malmquist、Luenberger 和 ML 指数，GML 具有可传递性、可循环性

并且不存在无可行解的情况，所以本书选用 DEA - GML 指数法来测算我国城市 $GTFP$。

本书参考 Oh（2010）[361] 的研究，首先在公式（4-1）生产可能性集合 P 的基础上，建立了在 t 时刻的生产可能性集合：

$$P^t = \left\{ \begin{array}{l} (x^t,\ y^t,\ b^t) \mid x^t \geqslant X^t\lambda^t,\ y^t \leqslant Y^t\lambda^t,\ b^t \geqslant B^t\lambda^t, \\ \sum_{i=1,\ \neq 0}^{n} \lambda_i^t = 1,\ \lambda^t \geqslant 0 \end{array} \right\}$$

$$(4-3)$$

其中，$t=1,\ 2,\ \cdots,\ T$。再建立全局生产可能性集合：

$$P^G = P^1 \bigcup P^2 \bigcup \cdots \bigcup P^T \qquad (4-4)$$

然后，建立同期方向性距离函数（4-5）和全局方向性距离函数（4-6）：

$$D^t(x^t,\ y^t,\ b^t;\ g_y,\ g_b) = \max\{\beta \mid (y^t + \beta g_y,\ b^t + \beta g_b) \in P^t\}$$

$$(4-5)$$

$$D^G(x^t,\ y^t,\ b^t;\ g_y,\ g_b) = \max\{\beta \mid (y^t + \beta g_y,\ b^t + \beta g_b) \in P^G\}$$

$$(4-6)$$

其中，g_y 和 g_b 分别表示期望产出和非期望产出的方向向量。最后，在规模报酬可变的假设下，建立如下 GML 模型，如公式（4-7）所示：

$$GML^{t,t+1}(x^t,\ y^t,\ b^t,\ x^{t+1},\ y^{t+1},\ b^{t+1}) = \frac{1 + D^G\ (x^t,\ y^t,\ b^t)}{1 + D^G\ (x^{t+1},\ y^{t+1},\ b^{t+1})}$$

$$= \frac{1 + D^t(x^t, y^t, b^t)}{1 + D^{t+1}(x^{t+1}, y^{t+1}, b^{t+1})}$$

$$\times \left\{ \frac{[1 + D^G(x^t, y^t, b^t)] / [1 + D^t(x^t, y^t, b^t)]}{[1 + D^G(x^{t+1}, y^{t+1}, b^{t+1})] / [1 + D^{t+1}(x^{t+1}, y^{t+1}, b^{t+1})]} \right\}$$

$$= \frac{TE^{t+1}}{TE^t} \times TC^{+1} = EC^{+1} \times TC^{+1} \qquad (4-7)$$

其中，$GML^{t,t+1}$ 是 $t+1$ 时刻的 $GTFP$ 值，如果 $GML^{t,t+1}>1$，则表示从 t 时刻到 $t+1$ 时刻的 $GTFP$ 有所上升；如果 $GML^{t,t+1}=1$，则表示从 t 时刻到 $t+1$ 时刻的 $GTFP$ 不变；如果 $GML^{t,t+1}<1$，则表示从 t 时刻到 $t+1$ 时刻的 $GTFP$ 有所下降。TE^t 是 t 时刻的技术效率（Technical Efficiency，TE），其值等于 t 时刻的 δ^* 值，在本书中表示绿色效率值。EC^{t+1} 是从 t 时刻到 $t+1$ 时刻的技术效率变动（Efficiency Change，

EC)，即绿色效率的变动，TC^{t+1}是从 t 时刻到 $t+1$ 时刻的技术进步水平（Technical Change，TC）。

4.3　投入产出指标体系的变量选取与数据说明

本部分首先介绍测算城市 GTFP 值时所选用的投入产出指标体系的各个变量。城市主体的生产活动过程中，"好"产出会同时伴随着"坏"产出，所以在考虑环境约束条件下，需要在投入产出指标体系中加入非期望的"坏"产出，才能得到 GTFP 较为准确的测算结果。其次，介绍了本书在测算 GTFP 时选择的研究对象范围和研究时段。本书选用了我国 288 个地级市和直辖市 2005—2019 年的数据，来测算这些城市 2006—2019 年的 GTFP。最后列出了投入产出指标变量的描述性统计。

4.3.1　变量选取说明

为了测算我国城市 GTFP，本书参考岳立（2020）[379]、Zhou（2020）[380]，Wang（2022）[381]，以及 Meng（2022）[382]的研究，选择了一些指标作为投入变量、期望产出变量和非期望产出变量指标。投入指标包括资本、劳动力和环境资源。本书选用固定资产投资总额来表示资本投入，选用城镇单位就业人员数来表示劳动力投入，选用建成区面积来表示土地资源投入，选用供水总量来表示水资源投入，选用全社会用电量来表示能源投入。期望产出指标为地区生产总值和建成区绿地覆盖面积，其中，GDP 是经济收益的代理指标，建成区绿地覆盖面积是环境收益的代理指标。非期望产出指标为对城市环境产生负面影响的指标。包括工业废水排放量、工业二氧化硫排放量和工业烟粉尘排放量。具体投入产出指标分析如下。

（1）劳动力投入。考虑到实际参与生产过程的有效劳动力，本书选择城镇单位从业人员期末人数作为劳动力投入的代理变量，单位是万人。

（2）资本投入。因为我国地级市新增固定资产投资和固定资产投资指数的数据很难获得较长期而完整的面板数据，比起地级市数据，永续盘存法计算后的资本存量更适用于省级数据，所以本书选用固定资产投资总额作为资本投入的代理变量，单位是万元。

（3）土地资源投入。土地资源的合理投入有助于使土地长期保持生态稳定性和较高的生产力，以实现城市生态环境保护与绿色发展（李雪梅，2021）[383]。本书选取建成区面积作为土地资源投入的代理指标，单位是平方千米。

（4）水资源投入。水资源是城市经济建设和发展的重要自然资源投入，是保护城市生态环境，支撑城市绿色发展的重要基础（左其亭，2014）[384]。本书选取用水总量作为水资源投入的代理指标，单位是万立方米。

（5）能源投入。电力是一种标准化的生产和生活要素，电力行业是支撑城市经济发展的基础行业，电力资源投入也是现代能源投入生产和生活的主要方式（谢里，2021）[385]。本书选用全社会用电量作为能源投入的代理变量，单位是万千瓦时。

（6）期望产出。本书选取不变价 GDP 作为期望产出的代理变量之一，以衡量生产活动中的经济收益，单位是万元。在剔除现价 GDP 核算中的居民消费支出、政府消费支出、固定资本形成总额和货物及服务净出口的历史数据中包含的价格变动因素之后，可以得到相应的不变价 GDP（许宪春，2021）[386]。城市绿地建设有助于构建城市生态文明和打造宜居城市，对城市绿色发展有着重要影响（彭倩，2020）[387]。因此，本书选用建成区绿化覆盖面积作为期望产出的代理变量之一，以衡量生产活动中的环境收益，单位是公顷。

（7）非期望产出。《国民经济和社会发展第十一个五年规划纲要》（以下简称《"十一五"规划纲要》）和《国民经济和社会发展第十二个五年规划纲要》（以下简称《"十二五"规划纲要》）都提出要将二氧化硫作为主要污染物进行排放控制，要强化工业烟粉尘治理，并加大工业废水处理力度。所以，本书选择工业二氧化硫排放量（吨）、工业烟粉尘排放量（吨）和工业废水排放量（万吨）作为城市生产活动过程中对城市绿色发展产生负面影响的非期望产出的代理变量。

4.3.2　数据来源

本书以我国 288 个地级市及直辖市为研究对象，受限于数据的可获得性，本书中的城市数据不包括西藏、香港、澳门和台湾地区。为了研究我国区域 GTFP 变化的不平衡性，本书将我国划分为东部、中部、西部和东北地区四个板块。其中，东部地区包括江苏省、浙江省、河北省、山东省、广东省、海南省、福建省的 84 个地级市和 3 个直辖市（北京市、天津市和上海市），共 87 个城市。中部地区包括安徽省、山西省、河南省、湖北省、湖南省和江西省的 80 个地级市。西部地区包括四川省、广西壮族自治区、贵州省、云南省、陕西省、甘肃省、内蒙古自治区西部、宁夏回族自治区、新疆维吾尔自治区、青海省的 83 个地级市和 1 个直辖市（重庆市），共 84 个城市。东北地区包括黑龙江省、吉林省、辽宁省、内蒙古自治区东部 37 个地级市。共计 288 个横截面研究对象。需要特别指出的是，马鞍山市、毕节市、铜仁市、海东市、莱芜市等个别地级市涉及行政区划调整，为了保持数据的平稳性，统一按照 2018 年的行政区划单位统计进行处理。

本书选取的研究时段为 2006—2019 年。《"十一五"规划纲要》提出，我国要贯彻节约资源、保护环境的基本国策。提出建设低投入、高产出、低消耗、低排放、循环可持续的国民经济体系和资源节约型、环境友好型社会。因此，本书选择《"十一五"规划纲要》的起始年份 2006 年作为研究样本的起始时间，以能获取到的比较完整的最新数据年份 2019 年作为样本时间跨度的截止年份。

第四章的数据来源于 2006—2020 年《中国城市统计年鉴》、2006—2020 年《中国环境统计年鉴》、2006—2020 年《中国统计年鉴》和 2006—2020 年各地级市和直辖市的统计年鉴。数据获取平台有中经网统计数据库（https：//ceidata.cei.cn/）、中国经济社会大数据研究平台（https：//data.cnki.net/）、中国统计信息网（http：//www.tjcn.org/）和前瞻数据库（https：//d.qianzhan.com/）。本书均采用市辖区数据，缺失数据用 ARIMA 线性插值法进行填补处理。

4.3.3　投入产出变量描述性统计分析

用于测算我国城市 GTFP 的投入产出变量的描述性统计如表 4-1 所示。所有指标的标准差都大于均值，说明投入产出指标数据的离散程度较大，各城市间的发展差距相对较大。

表 4 - 1　中国城市 GTFP 投入产出变量描述性统计

	单位	观测数	均值	标准差	最大值	最小值
城镇单位从业人员期末人数	万人	4 320	32.54	67.77	819.30	0.01
固定资产投资	万元	4 320	13 446 855.19	17 204 105.96	187 327 503.00	294 923.00
建成区面积	平方千米	4 320	127.06	173.19	1 515.00	5.00
供水总量	万立方米	4 320	16 066.08	31 317.43	349 481.00	146.00
全社会用电量	万千瓦时	4 320	891 387.57	1 483 907.09	15 685 775.00	8 055.00
GDP	万元	4 320	19 338 297.47	29 587 294.55	381 560 000.00	448 776.00
建成区绿化覆盖面积	公顷	4 320	4 998.05	7 488.73	93 443.00	9.00
工业二氧化硫排放量	吨	4 320	50 485.52	56 192.87	683 162.00	2.00
工业烟粉尘排放量	吨	4 320	34 891.83	40 879.51	536 092.00	72.00
工业废水排放量	万吨	4 320	6 804.60	9 045.09	96 501.00	7.00

资料来源：作者计算整理获得。

4.4　城市绿色全要素生产率测算结果分析

本书基于包含非期望产出的超效率 SBM - GML 模型，采用我国 288 个地级及以上城市 2005—2019 年的投入产出数据，使用 MaxDEA 7.0 测算了 2006—2019 年我国城市 GTFP 指数。需要特别指出的是，因为本书将 2005—2006 年的 GTFP 指数计入 2006 年，所以由 2005—2019 年的数据测算得出了 2006—2019 年的城市 $GTFP$ 值，具体测算结果如附录附表 1 所示。

4.4.1　我国城市绿色全要素生产率的时间变化趋势

表 4 - 2 为我国城市整体各研究期的 $GTFP$ 值及其分解指数的平均值。从测算结果可以看出，我国城市 2006—2019 年的平均 $GTFP$ 是 1.031 7，平均提高了 3.17％。这说明，我国城市的绿色发展水平在稳步提升，城市发展模式已经从传统的只关心经济数量的粗放式增长转变为兼顾经济增长质量的集约型环境友好型增长。从表 4 - 2 的指数分解情况来看，技术进步（TC）的平均值为 0.998 6，绿色技术进步年均下

降 0.32%，绿色效率变动（EC）的平均值为 1.036 0，效率值年均增长 3.60%。这可以看出，EC 对 GTFP 的增长产生了正向效应，我国城市 GTFP 增长的主要来源是绿色效率的提高。

从各年份的 GTFP 及其分解来看，2006 年的 GTFP 值为 0.986 0，当年的 GTFP 下降了 1.40%，但 2006 年的绿色效率值是大于 1 的，上升了 0.48%。2007 年和 2008 的 GTFP 分别上升了 3.44% 和 2.62%，说明各城市都充分响应了《"十一五"规划纲要》中提出的生态文明建设。2009 年的 GTFP 值为 0.981 4，此年份的 GTFP 下降了 1.86%，这可能是因为 2008 年的金融危机所带来的经济损失蔓延到了 2009 年。2010—2012 年的 GTFP 值都大于 1，GTFP 分别上升了 1.97%、7.29% 和 3.87%，这是因为在 2008 年金融危机爆发后，我国政府推出了扩大内需，促进我国经济平稳增长的"四万亿"计划，在四万亿元投入后，我国的城市 GTFP 都在稳定上升。"四万亿"计划虽然在短期刺激了我国经济，使我国的经济规模在短期内有了大幅度提高，但是也造成了产能过剩问题，其负面影响体现在 2013 年 GTFP 值的下降上，2013 年的 GTFP 下降了 1.14%。2013 以后，随着绿色发展理念的提出、《环境保护法修正案》起草工作的完成和我国第一部综合性大气污染防治规划《重点区域大气污染防治"十二五"规划》的颁布，GTFP 值都稳定在 1 以上。

表 4 - 2　2006—2019 中国城市年均 GTFP 及其分解

年份	整体 GTFP	TC	EC
2006	0.986 0	0.981 2	1.004 8
2007	1.034 4	1.007 1	1.027 1
2008	1.026 2	1.010 4	1.015 6
2009	0.981 4	1.006 3	0.975 3
2010	1.019 7	1.001 3	1.018 4
2011	1.072 9	1.011 9	1.060 3
2012	1.038 7	0.997 0	1.041 8
2013	0.988 6	1.003 2	0.985 4
2014	1.009 8	0.978 0	1.043 1
2015	1.014 3	0.996 1	1.018 2

（续）

年份	整体 GTFP	TC	EC
2016	1.111 0	0.980 6	1.133 0
2017	1.070 1	0.980 8	1.091 1
2018	1.063 3	1.002 4	1.060 7
2019	1.027 8	0.999 0	1.028 9
均值	**1.031 7**	**0.996 8**	**1.036 0**

数据来源：作者根据计算结果整理。

为了反映我国地级市及以上城市 2006—2019 年 GTFP 及其分解指数的年均动态变化过程，本书绘制了 2006—2019 年我国城市 GTFP 及其分解指数的变化趋势图（图 4-1）。从图 4-1 中可以看出，GTFP 的变化趋势基本与绿色效率 EC 的变化趋势基本一致，说明 GTFP 的变化趋势在很大程度上受绿色效率变动的影响，而不是受技术进步的影响。这说明我国的经济改革确实带来了明显的效率改进，产生了明显的"水平效应"，但是城市绿色发展的投入产出模式不能与技术进步相协调，技术进步无法融入现阶段城市绿色发展模式，我国的绿色经济改革并没有产生明显的"增长效应"，我国城市在长期内暂时不能实现 GTFP 的持续增长。

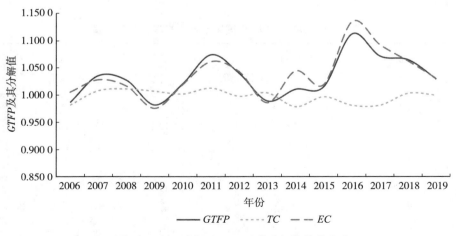

图 4-1　我国城市 GTFP 及其分解值年均变化

为了进一步研究 2006—2019 年我国各个区域城市 GTFP 时间和空

间的演化特征，本书将研究地区样本按照东部、中部、西部和东北进行区域划分，以进行分类统计分析，统计结果如表 4-3～表 4-6 所示。

从表 4-3 中可以看出，我国东部 $GTFP$ 均值为 1.073 7，$GTFP$ 值从 2006 年的 1.069 3 上升到了 2019 年的 1.092 3。东部地区 $GTFP$ 在研究时段内都大于 1，说明东部地区的绿色发展水平在稳定上升。这得益于东部地区作为绿色发展的政策示范区所获得的先发优势。比如，在2014 年国务院批复的《中国—新加坡天津生态城建设国家绿色发展示范区实施方案》，使天津成为我国第一个国家级绿色发展示范区。还有《长江经济带发展规划纲要》和《长江三角洲城市群发展规划》等文件的颁布，令长三角城市群的浙江省各市、江苏省各市和上海市都迎来了快速发展的有利绿色发展机遇，推动着东部城市的 $GTFP$ 快速上升。之后颁布的《浙江省湖州市、衢州市建设绿色金融改革创新试验区总体方案》和《广东省广州市建设绿色金融改革创新试验区总体方案》等政策，都使东部地区在探索绿色发展、经济生态协调发展中比其他区域更加有优势。

东部地区的绿色技术进步指数从 2006 年的 1.020 2 上升到了 2019年的 1.086 4，而绿色效率指数从 1.048 2 下降到了 1.005 4。东部地区的 TC 值是四个区域中唯一大于 1 的，说明只有东部地区的 $GTFP$ 提高依靠绿色技术进步。东部地区 EC 值下降是因为东部沿海发达城市相较于中部、西部和东北地区城市的资本投入较高，但是由于资本的规模报酬递减效应和资本的后发优势，中部、西部和东北的落后地区的资本配置效率增长速度将超过东部发达地区，所以东部地区的绿色效率水平会有所下降。

表 4-3 我国东部城市年均 $GTFP$ 及其分解

年份	$GTFP$	TC	EC
2006	1.069 3	1.020 2	1.048 2
2007	1.078 9	1.044 0	1.033 4
2008	1.082 9	1.035 8	1.045 5
2009	1.035 4	1.006 7	1.028 5
2010	1.070 2	1.022 5	1.046 6

（续）

年份	GTFP	TC	EC
2011	1.077 6	1.029 0	1.047 3
2012	1.048 5	1.000 0	1.048 5
2013	1.013 0	1.005 5	1.007 5
2014	1.011 3	1.008 0	1.003 3
2015	1.066 0	1.039 1	1.025 9
2016	1.134 2	1.133 1	1.001 0
2017	1.136 7	1.118 5	1.016 3
2018	1.115 5	1.097 4	1.016 5
2019	1.092 3	1.086 4	1.005 4
均值	**1.073 7**	**1.046 2**	**1.026 7**

数据来源：作者根据计算结果整理。

从表 4-4 中可以看出，中部城市的 GTFP 从 2006 年的 0.975 6 上升到了 2019 年的 1.037 8，均值为 1.021 4，呈现 N 形变动趋势。中部城市的技术进步指数从 2006 年的 0.916 1 上升到了 2019 年的 1.014 4，但均值小于 1。中部城市的绿色效率变动指数从 2006 年的 1.065 0 下降到了 2019 年的 1.023 1，但均值大于 1。从各年份看，2006—2012 年，中部城市的 GTFP 提升主要依靠绿色效率提高，但从 2013 年以后，GTFP 的提升主要依靠绿色进步。说明中部城市深入贯彻执行了绿色发展理念，经济发展模式不再仅依靠劳动力、资本和能源的投入，开始更多地探索污染物减排、资源能源节约等绿色生产技术。

表 4-4 我国中部城市年均 GTFP 及其分解

年份	GTFP	TC	EC
2006	0.975 6	0.916 1	1.065 0
2007	1.002 2	0.948 4	1.056 7
2008	1.013 8	0.964 4	1.051 2
2009	0.955 5	0.950 0	1.005 8
2010	1.010 2	1.000 2	1.010 0
2011	1.085 7	1.002 1	1.083 5
2012	1.049 0	1.004 7	1.044 0

（续）

年份	GTFP	TC	EC
2013	0.953 5	0.948 7	1.005 1
2014	0.995 1	0.993 8	1.001 4
2015	0.999 1	0.994 4	1.004 7
2016	1.135 4	1.082 2	1.049 1
2017	1.061 3	1.098 6	0.966 1
2018	1.024 7	1.058 4	0.968 2
2019	1.037 8	1.014 4	1.023 1
均值	**1.021 4**	**0.998 3**	**1.023 9**

数据来源：作者根据计算结果整理。

从表 4-5 中可以看出，西部城市的 GTFP 从 2006 年的 0.929 7 上升到了 0.984 1，均值为 1.010 2。西部城市的技术进步指数从 2006 年的 0.939 8 下降到 2019 年的 0.936 9，技术效率指数从 2006 年的 0.989 3 上升到 2019 年的 1.050 4。西部地区的绿色技术效率变动指数的增长率非常高，说明城市绿色发展主要依靠要素投入的增加。对比来看，西部城市的 GTFP 年均值变化情况和中部城市较为相近，呈现 M 形变动，2007 年的 GTFP 增加了 4.32% 后，就开始一直处于小于 1 的状态。2011 年和 2012 年短暂大于 1 后，在 2013—2015 年又开始小于 1。之后在 2016—2018 年大于 1，但到 2019 年又出现了小于 1 的情况。说明西部地区的 GTFP 增长率无法始终为正，并且波动幅度非常大，这是因为西部地区作为重工业、高耗能产业和自然资源产业较多的区域，对于清洁能源和清洁技术的开发和利用程度较低，技术进步水平较低，无法形成可持续的增长。

表 4-5 我国西部城市年均 GTFP 及其分解

年份	GTFP	TC	EC
2006	0.929 7	0.939 8	0.989 3
2007	1.043 2	1.008 7	1.034 2
2008	0.995 0	0.990 4	1.004 6
2009	0.954 0	0.986 9	0.966 7

（续）

年份	GTFP	TC	EC
2010	0.984 0	0.976 6	1.007 5
2011	1.074 5	1.000 9	1.073 5
2012	1.043 8	1.004 8	1.038 8
2013	0.991 8	0.984 1	1.007 8
2014	0.998 4	0.993 0	1.005 4
2015	0.970 0	0.989 0	0.980 8
2016	1.055 4	0.997 3	1.058 3
2017	1.051 3	1.000 6	1.050 7
2018	1.067 2	1.015 5	1.050 9
2019	0.984 1	0.936 9	1.050 4
均值	**1.010 2**	**0.987 5**	**1.022 8**

数据来源：作者根据计算结果整理。

从表 4-6 中可以看出，东北城市的 GTFP 从 2006 年的 0.935 9 上升到了 2019 年的 0.955 2。绿色进步指数从 0.959 3 下降到了 0.945 8，均值为 0.977 0。绿色效率变动指数从 0.975 5 上升到了 1.009 9，均值为 1.027 4。说明东北地区的 GTFP 上升与西部面临同样的问题，就是过于依靠资源配置，忽视了绿色技术进步。东北城市的平均 GTFP 值是 1.003 6，年均上升 0.36%，远远低于东部、中部和西部地区。东北地区的 GTFP 值常年小于 1，14 年间只有 2011 年、2014 年、2015 年、2016 年和 2018 年 5 个年份的 GTFP 值大于 1。这是因为传统粗放型、高污染、高排放产业无法适应东北城市绿色发展的需求。东北城市的经济支柱产业在长期都处于高碳、高耗能和粗放式的发展，东北地区工业产业发展比重大，对环境资源的消耗大，且污染排放量大，导致东北城市的 GTFP 指数长期偏低。

表 4-6　我国东北城市年均 *GTFP* 及其分解

年份	GTFP	TC	EC
2006	0.935 9	0.959 3	0.975 5
2007	0.983 8	0.963 8	1.020 7
2008	0.991 3	0.966 0	1.026 2

（续）

年份	GTFP	TC	EC
2009	0.975 1	0.963 5	1.012 0
2010	0.999 7	0.997 5	1.002 2
2011	1.034 1	0.993 6	1.040 8
2012	0.983 1	0.986 9	0.996 1
2013	0.994 3	0.995 6	0.998 7
2014	1.065 3	0.996 9	1.068 6
2015	1.021 7	0.950 6	1.074 8
2016	1.116 9	1.052 7	1.061 1
2017	0.979 6	0.987 6	0.991 9
2018	1.014 1	0.918 3	1.104 3
2019	0.955 2	0.945 8	1.009 9
均值	**1.003 6**	**0.977 0**	**1.027 4**

数据来源：作者根据计算结果整理。

综合来看，东部地区城市 GTFP 增幅较大，中部和西部的 GTFP 变动情况较为相似，东北的 GTFP 值增长较小，我国不同区域间的绿色发展水平存在较大差异。从 2006—2019 年我国东部、中部、西部和东北城市 GTFP 的均值来看，四个区域城市的 GTFP 都大于 1，表示四个区域的 GTFP 在 14 年中平均呈现上升趋势。其中，东部地区城市 GTFP 年均上升 7.37%，是 GTFP 增长最快的地区，中部地区的 GTFP 年均上升 2.14%，西部地区的 GTFP 年均上升 1.02%，东北地区的 GTFP 年均上升 0.36%。并且，东部城市的技术进步指数是四个区域中唯一大于 1 的，说明只有东部城市的绿色技术有所创新和发展，这可能是因为各地区劳动力流动的"马太效应"所导致的。2006—2019 年东部地区城市的经济发展速度较快，城市发展速度优于中部城市，而中部发展又优于西部地区和东北地区，经济繁荣的同时也带来人才的迁徙，人才从东北和西部地区迁向中部或东部地区，中部地区的顶尖人才又迁向东部，使得东北、西部、中部、东部地区的城市人才增长速度依次递增。再加上东北、西部和中部三个区域与东部城市相比，本身在科研教育水平、科研平台搭建水平和科研设备条件上就存在着较大差距，这进一步拉大了他们之间的劳动配置效率差距，最终使得东部地区技术进步指数在递增，而其他区域的技术进步指数却在递减。东部的技术进步水平提高的另一个原因是因为外资的大量流入。东部城市相比于其他三个地区的城市在地理位置上更加靠海，上海港、深圳港、广州港、宁波舟山港和天津港等我国大型港口都位于东部地区。所以东部的对外开放程度和国外直接投资额都要高于其他地区，而对外开放有助于先进的技术和思想在东部率先传播，所以东部的绿色技术进步要明显高于其他三个地区，也是我国四大板块中绿色技术进步唯一在上升的地区。

为了更加直观地对比东部、中部、西部和东北地区 2006—2009 年年均 *GTFP* 的时间演化差异，以及他们与中国全国 *GTFP* 变动的差异，本书绘制了分区域 *GTFP* 变动图（图 4-2）。

从图 4-2 中可以看出，东部、中部、西部和东北地区的 *GTFP* 值的变动差异较大，其中东部的年均值高于全国 *GTFP* 平均水平，中部和西部基本与全国平均水平持平，东北多数年份的 *GTFP* 值都低于全国平均水平。东部城市的 *GTFP* 变动一直都呈现上升趋势，并且高于全国平均水平。说明东北的绿色经济水平比其他地区都要落后，城市生态文明建设还需进一步提升。而东部地区 *GTFP* 水平的改善，是一系列推进东部实施绿色发展的政策所带来的先发优势。

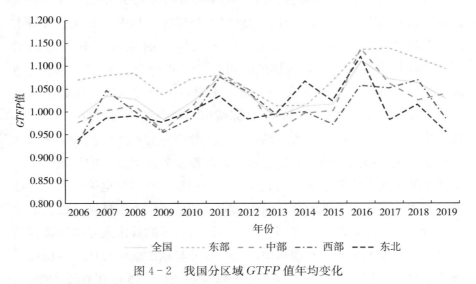

图 4-2 我国分区域 *GTFP* 值年均变化

根据以上分析可以发现，在时间尺度上，我国城市 $GTFP$ 发展总体呈现在波动中上升的趋势。从增长贡献来看，在 2006—2011 年，绿色技术效率提升的贡献要高于绿色技术进步提升，说明在绿色发展理念提出之前，我国城市的绿色技术进步水平较低，主要是通过增加绿色资源投入来影响 $GTFP$ 的增长。在 2012 年以后，技术进步指数上升，以创新为特征的绿色技术进步开始影响我国城市 $GTFP$ 变动。分区域来看，东部城市的 $GTFP$ 均值呈现稳定上升趋势，增长速度要明显快于全国平均水平。说明东部地区作为我国绿色技术的革新区域和我国绿色经济的引领示范区域，是提升我国城市 $GTFP$ 平均水平的核心。并且，东部地区 $GTFP$ 的提升主要是因为绿色技术进步，说明东部城市的环境治理水平较高，绿色技术和清洁能源的发展较快，促进了该区域绿色全要素增长率的不断上升。中部和西部城市的 $GTFP$ 在时间上的变化趋势较为相近，都是在波动中上升。中部城市和西部城市的绿色技术进步指数都低于东部地区，这是因为中部城市和西部城市在城市的绿色发展过程中，都主要是在承接东部产业，并对东部高新技术产业进行模仿。东北城市的 $GTFP$ 值始终落后于全国平均水平，也远低于东部、中部和西部城市的 $GTFP$ 值，在多数年份都是负增长。并且，东北地区的绿色技术效率变动指数和绿色技术进步指数都处于较低的水平。这是因为东北地区的主要产业都是高耗能、高污染、低技术含量的产业，导致东北地区的绿色发展水平远落后于其他地区。中部、西部和东北城市在未来发展中还需要不断优化升级产业结构，对绿色技术进行开发和创新，在生产中投入清洁能源和清洁技术。

4.4.2　我国城市绿色全要素生产率的空间变化趋势

为了研究不同年份我国城市 $GTFP$ 的分布态势，本书运用 Kernel 核密度函数 （Kernel Density Estimation，KDE） 对 2006 年、2010 年、2015 年和 2019 年我国城市 $GTFP$ 进行估计。通常，KDE 用于估计平滑的经验概率密度函数，将 KDE 运用于空间分析中，可以用来描述地理事件分布在面状或网状空间上的强度。因此，本书采用高斯分布的核密度函数对 2006 年、2010 年、2015 年和 2019 年我国城市 $GTFP$ 及分区域城市 $GTFP$ 进行估计，核密度函数公式如式（4-8）所示：

$$f(x) = \frac{1}{nw} \sum_{i=1}^{n} K\left(\frac{X_i - \overline{X}}{w}\right) \qquad (4-8)$$

其中，n 为观测值个数，X_i 为某个观测值，$\overline{X}$ 为均值，w 为带宽，$K(x)$ 为高斯核函数，$K(x) = \frac{1}{\sqrt{2\pi}} \exp\left(-\frac{\overline{X}^2}{2}\right)$。核密度曲线的峰度越大，峰值越尖锐，表明在这个水平上有更多的城市 GTFP 值。当曲线的峰度降低时，宽度增加，表明各城市之间的 GTFP 差异正在减小。当曲线向右倾斜，右尾逐渐变长时，表明各城市之间的 GTFP 差异正在增加。当出现多个峰值时，表明城市 GTFP 的空间分布存在多极分化。

根据式（4-8），本书运用 Stata 16.0 软件，生成了我国全国、东部、中部、西部和东北的核密度曲线 [图 4-3（a）～（e）]。核密度曲线图直观反映了我国城市 GTFP 的总体演变特征。从图 4-3（a）中可以看出，2006 年、2012 年和 2019 年我国整体的 GTFP 的核密度函数虽然没有严格的单峰形态，但是主峰非常突出，表明我国城市 GTFP 存在多极分化情况。从尾部形态看出，四个年份的拖尾都很明显，说明我国 GTFP 水平存在较为明显的区域差异。2006 年的核密度曲线图中有较明显的一个主峰，两个次峰，但其余三个年份中的次峰都不凸显，并且 2006—2019 年的峰值呈现出先上升后下降的趋势，但 2019 年的峰值仍然比 2006 年的高出很多的情形，说明我国整体 GTFP 水平的差异在缩小。从各年份波峰所处的位置来看，2006 年波峰所处位置偏左集聚，2010 年、2015 年和 2019 年的波峰都相对偏右，说明在 2006 年时，我国大多数城市的 GTFP 处于较低状态，但是之后各城市的 GTFP 值都有所上升。从峰度来看，各年份的核密度曲线呈现由宽峰向尖峰发展转变的趋势，表明 GTFP 水平的差异在逐渐减小。从位置来看，2006—2015 年我国 GTFP 核密度曲线略微向右偏移，2015—2019 年核密度曲线略微向左偏移，说明 GTFP 呈先升高再略微降低的趋势。而且 2006 年 GTFP 的低值区波动较大，而 2019 年 GTFP 高值区波动较大。总体来看，整个研究期我国城市 GTFP 呈现出由低到高，再有所回调的发展趋势，GTFP 水平在各城市间的差异较为明显，但是这种差异在逐渐缩小。

从图 4-3（b）中可以看出，2006—2019 年东部地区 GTFP 的核密度分布曲线整体右移，说明东部地区的 GTFP 总体呈现上升趋势。

在 2019 年中出现了明显的双峰形态，主峰位置在左，次峰在右。说明东部整体的城市 $GTFP$ 存在两极分化的空间非均衡特征，集聚类型出现明显的低值集聚。当然可以看出东部城市的低值集聚点也处于 1 以上。2006—2010 年，核密度曲线主峰的峰度有所上升。但是在 2010—2019 年，峰度开始逐渐下降，图像宽度也逐渐增加。说明在 2006—2019 年，东部地区各城市的 $GTFP$ 指数的差距呈现出先减小、后增加的变化特征。从图像中曲线的拖尾程度可以看出，四个年份都存在明显的右拖尾，并且越来越明显。说明 2006—2019 年高值区的城市 $GTFP$ 值有所提升，高值城市的占比增加。总体来看，东部地区城市的 $GTFP$ 有所上升，但是各城市间的 $GTFP$ 差异较大，并呈现出先减小后变大的特征。

从图 4-3（c）中可以看出，2006—2019 年中部地区 $GTFP$ 的核密度分布曲线整体轻微右移，说明中部地区的 $GTFP$ 总体呈现小幅度上升趋势。四个年份都有明显的单峰形态，不存在两极分化的现象。但是 2019 年相较于 2006 年的拖尾现象明显更明显，$GTFP$ 分布的延展性拓宽，说明中部城市间的差距在扩大。总体来看，中部地区的 $GTFP$ 变动较小，但是各城市间的差异在逐渐增大。

从图 4-3（d）中可以看出，2006—2019 年西部地区 $GTFP$ 的核密度分布曲线整体轻微右移，说明西部地区的 $GTFP$ 总体呈现小幅度上升趋势。2006 年有一高一低两峰，主峰在右侧，说明西部城市大部分地区呈现高 $GTFP$ 值聚集状态。2010 年也有一高一低两个峰值，但主峰在左侧，说明 2010 年西部地区 $GTFP$ 变为低值集聚状态。但各地区间的差距变大。2015 年和 2019 年逐渐变为单峰形态，说明极端数值量有所下降。从拖尾情况来看，2019 年比 2006 年的核密度曲线尾部要短，说明西部城市间 $GTFP$ 的差异在缩小。总体来看，西部地区的 $GTFP$ 上升不明显，$GTFP$ 水平值逐渐趋同，两极分化现象逐渐减小，各城市间的差异程度也在变小。

从图 4-3（e）中可以看出，2006—2015 年东北地区 $GTFP$ 的核密度分布曲线整体右移，2015—2019 年左移，说明东北城市 $GTFP$ 呈现先上升后下降的趋势。东北地区城市的核密度分布曲线在 2006 年、2015 年和 2019 年都呈现双峰特征，都呈现主峰在右，次峰在左的形态，呈现出两极分化的情况，并且出现高值集聚的特征。从尾部特征来看，2006 年、2015 年和 2019 年的核密度曲线不存在明显的拖尾，2010 年有比较明显的拖尾。说明东北地区的 *GTFP* 虽然存在城市差异，但差异出现先扩大、后缩小的变化趋势。

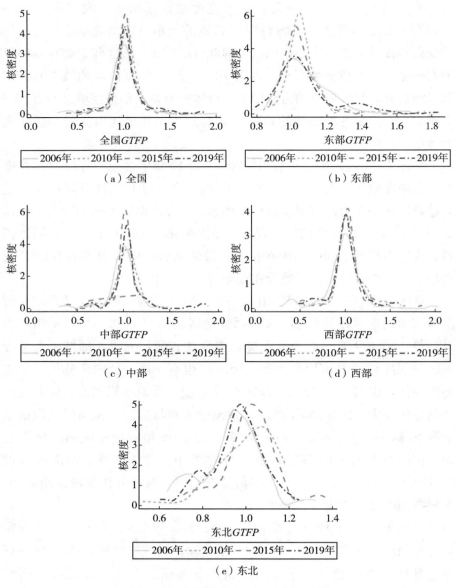

图 4-3 我国城市 *GTFP* 核密度函数

进一步，为了研究中国城市 *GTFP* 的空间分布变化特征，本书运用 ArcGIS 10.2 软件，绘制了我国 288 个地级市及以上城市的 *GTFP* 的空间特征图。我国城市的 *GTFP* 呈现区域集聚式分布，东部地区城市的 *GTFP* 值明显高于其他区域。2006 年，*GTFP* 高值明显集中于东部沿海城市、直辖市、省会城市和部分旅游型城市，比如三亚和张家界。2010 年，高值城市的数量在增加，但 *GTFP* 的高值仍然主要集中于东部地区城市以及省会城市，中部地区的 *GTFP* 高值城市有所增加。周边城市的 *GTFP* 仍处于低值段。2015 年，*GTFP* 的高值依然集中于东部城市和其他地区的省会城市或直辖市，并且省会城市和一些城市群的中心城市，比如长三角城市群的上海市、成渝城市群的重庆市等开始对周围城市产生比较明显的辐射作用，这类城市的周边城市的 *GTFP* 值明显高于其他城市。2019 年，我国城市的 *GTFP* 不仅都在上升，还表现出明显的高高低低分布，相邻的几个城市会呈现出相近的 *GTFP* 水平，并且省会城市、直辖市和城市群中心城市的扩散效应也得到了进一步加强。

4.5 本章小结

本章对我国 288 个地级及以上市的城市 *GTFP* 进行了测度，并对其在时间和空间上的变化趋势进行了分析。首先，本章对测算全要素生产率的方法进行了分类和对比，选择了可以计算多投入、多产出，具有单元不变性，并且可以包含非期望产出的非径向非角度超效率 SBM－GML 指数模型，对 2006—2019 年我国城市 *GTFP* 水平进行了测度，测算了各年份 *GTFP* 的动态变化，并对 *GTFP* 变动的来源进行了分解。再将我国按照东部、中部、西部和地区进行区域划分后，横向对比了四个地区 *GTFP* 的差异以及全国和各区域城市 *GTFP* 的时间演化过程。然后，通过绘制 *GTFP* 核密度函数图，分析了 *GTFP* 空间差异性变化趋势，并通过绘制 *GTFP* 的空间分布特征图，分析了我国 *GTFP* 空间分布变化趋势。通过上述分析，本章主要得到以下结论：

（1）我国城市 *GTFP* 呈现增长趋势。2006—2019 年，我国城市 *GTFP* 的均值较高，平均 *GTFP* 是 1.031 7，2006—2019 年，*GTFP* 平

均提高了 3.17%。我国城市 GTFP 的年均值呈现波动增长的趋势，2006 年的 GTFP 值小于 1，2007 年和 2008 年的 GTFP 值呈现上升趋势，2009 年 GTFP 再次下降，2010—2012 年的 GTFP 都大于 1，2013 年以后的 GTFP 逐渐呈现稳定增长的趋势。分区域来看，东部、中部、西部和东北的城市 GTFP 分别从 2006 年的 1.069 3、0.975 6、0.929 7、0.935 9 上升到 2019 年的 1.092 3、1.037 8、0.984 1、0.955 2。研究期内，东部地区的城市 GTFP 均值最高，中部次之，然后是西部，最后是东北，分别为 1.073 7、1.021 4、1.010 2 和 1.003 6。其中，东部城市的 GTFP 年均值呈现稳定增长的趋势，中部和西部区域的城市 GTFP 和全国 GTFP 变动趋势较为一致，都呈现出周期性波动增长的趋势，东北地区的 GTFP 年均值较低，多数年份都处于 1 以下。

（2）从我国城市 GTFP 的分解结果来看，绿色技术效率（EC）是我国城市 GTFP 增长的主要贡献来源，绿色技术进步（TC）对中国城市 GTFP 增长的促进作用较弱。EC 从 2006 年的 1.004 8 变动到 2019 年的 1.028 9，均值为 1.036 0。TC 从 2006 年的 0.981 2 变动到 2019 年的 0.999 0，均值为 0.996 8。EC 的变动趋势与 GTFP 的变动趋势基本一致，而 TC 的变动幅度较小。分区域来看，东部是四个区域中唯一绿色技术进步指数呈现上升的区域，也是唯一 TC 值大于 1 的区域。东部的 TC 和 EC 值都呈现出稳定增长趋势。中部地区在 2013 以后的 GTFP 主要贡献来源由 EC 转变为 TC。西部地区和东北地区多数年份的 TC 值都小于 1，GTFP 上升的主要来源都是 EC。

（3）从我国城市 GTFP 的空间变化趋势来看，东部、中部、西部和东北四个区域的 GTFP 存在着显著差异。根据 GTFP 的核密度曲线可以看出，我国全国各城市的 GTFP 差异性明显，但差异程度在逐渐减小。东部地区的 GTFP 存在两极分化的空间非均衡特征，并且表现出了低值聚集的特征。中部地区的 GTFP 差异也较明显，并且差异程度在逐渐增大。西部城市的 GTFP 水平表现出先高值集聚、后低值聚集的特征，差异程度表现出先增大、后缩小的变化过程。东北地区的 GTFP 水平呈现出两极分化的特征，在各城市间的差距存在先扩大、后缩小的变化趋势。从我国城市的 GTFP 空间特征分布图可以看出，GTFP 的高值主要分布在东部沿海城市、省会城市、直辖市和经济特区。

5 环境规制对绿色全要素生产率影响的实证分析

本章对环境规制对 GTFP 的影响关系进行实证检验。在通过第二章对现有相关文献的总结后发现，环境规制与 GTFP 之间的关系可以分为线性正相关、线性负相关和非线性关系三类基本范式。因此，本章以该研究范式为基础，对环境规制与 GTFP 之间存在的线性关系或非线性关系进行实证检验。

5.1 研究假设

环境规制是解决环境问题负外部性和市场失灵的有效手段。从政府规制理论来看，生产者面对政府规制压力时，会使生产者的实践活动越来越趋同，必须表现良好，减少对环境的破坏，才能获得合法经营的权利。根据政府规制理论，环境规制会促使生产者投入环保实践活动，主动提高环境质量，从而提升 GTFP。

从利益相关者理论来看，生产者会面临来自利益相关者的压力，因为利益相关者越来越关注环境问题，生产者需要转变自身的环境战略，主动投入到清洁生产活动中去。利益相关者的压力可以促使生产者更多地关注环境问题，同时有效地将生产者的环保理念与管理实践结合起来。环境规制作为各利益相关者对保护环境诉求的集中体现，利益相关者的压力会使生产者投入更多资源来解决环境污染问题，提高 GTFP。

近年来，国内外学者通过对"波特假说"理论进行实证检验，来研究环境规制的影响。Brunnermeier（2003）[388]的研究表明，通过研究污染排放技术，虽然会增加企业日常支出，但也会促进绿色创新专利数量的增加。Ederington（2000）[389]的研究表明，过于严格的环境规制会降低企业的竞争力。叶琴[390]等通过研究异质型环境规制对我国节能减排技术的影响，发现只有部分类型的环境规制政策可以促进生产者的绿色创新。综上所述，提出本章的第一个研究假设：

H1a：环境规制对 GTFP 有正向促进作用。

除了环境规制与 GTFP 之间的正相关关系的研究结论外，Anton（2004）[391]、Agan（2013）[392]、Guo（2017）[393]，Graafland（2017）[394]的研究也得到了环境规制与 GTFP 之间无关或者呈负相关关系的结论。所以，环境规制与 GTFP 之间的关系可能不仅是正向关系，而是更为复杂的非线性关系。

随着经济的发展以及自然环境的不断恶化，各利益相关者，如政府、社区、居民、媒体和环保组织等，都开始越来越关注环境保护问题。因此，政府会加大环境规制力度，并完善环境规制工具。生产者所面临的环境规制压力不断增大，处罚成本不断增加。生产者会选择满足环境规制要求，实现经济与环境保护的协调发展，从而对 GTFP 的提升带来正面影响。但是，当环境规制强度过大时，如果生产者此时的绿色技术创新能力和清洁生产技术并不足以满足环境规制要求时，为了应对不断增长的环境规制压力，生产者只能被动地将生产性资金拿去购买清洁设备和清洁技术，导致"遵循成本假说"的挤出效应更明显，可能会导致 GTFP 降低。Sanchez - Vargas（2013）[395]的实证研究表明环境规制与墨西哥制造业全要素生产率之间存在非线性关系。Yang（2020）[396]研究发现环境规制与 GTFP 之间存在非线性的倒 U 形关系。尹庆民（2020）[397]构建面板回归和门槛回归模型时，引入环境规制与产业结构的交互项，研究表明，环境规制对 GTFP 的影响呈 N 形。齐红倩（2018）[398]发现我国 GTFP 随着环境规制强度的增加会呈现出倒 U 形变化，当环境规制强度低于临界点时，环境规制会促进 GTFP 提升，而当环境规制的强度超过临界点时，环境规制会抑制 GTFP 提升。综上所述，提出了本章的第二个研究假设：

H1b：环境规制与 GTFP 存在非线性关系。

部分研究认为，不同类型的环境规制与 GTFP 之间的关系也不相同。其中，张峰（2019）[399]通过非线性回归分析模型发现，命令控制型环境规制对制造业 GTFP 的促进作用不明显，市场激励型环境规制对 GTFP 有正 U 形非线性影响，自愿型环境规制对 GTFP 有倒 U 形非线性影响。吴磊（2020）[400] 基于面板 Tobit 模型的研究发现，市场激励型和自愿型环境规制在短期内抑制 GTFP 增长，而在长期内有促进作用，但是命令控制型环境规制对 GTFP 增长的影响不明显。赵立祥（2020）[401] 研究发现，市场激励型和自愿型环境规制对 GTFP 的增长有促进作用，命令控制型环境规制对 GTFP 的增长却是抑制作用。戴钱佳（2020）[402] 以技术创新作为中介变量，运用动态 GMM 模型实证发现，命令控制型和市场激励型环境规制会阻碍 GTFP 增长，但自愿型环境规制却能促进 GTFP 的增长。高艺（2020）[403] 运用空间杜宾模型发现，命令控制型和市场激励型环境规制对 GTFP 有负向影响，而自愿型环境规制对 GTFP 有正向影响，市场激励型环境规制和自愿型环境规制对周边地区的 GTFP 有正向空间溢出效应。穆献中（2022）[404] 在运用 SBM 模型结合 Meta-Frontier 生产函数测度了 GTFP 后，发现命令控制型环境规制对 GTFP 有正向影响，而自愿型环境规制对 GTFP 呈现出先抑制、后促进的正 U 形影响变化。综上所述，提出本章的第三个研究假设：

H1c：异质型环境规制工具对 GTFP 的影响效果不同。

部分研究认为，由于区域异质性，所以不同区域所具备的要素禀赋和生产条件并不相同，这也导致环境规制对不同研究区域的 GTFP 产生不同影响。雷玉桃（2018）[91] 发现以排污费为代表的市场激励型环境规制对东部、中部和东北地区的绿色效率有负向影响，而对西部地区有正向影响；但以工业污染治理投资为代表的市场激励型环境规制仅对西部地区的绿色效率有负向影响；自愿型环境规制仅对中部和西部的绿色效率具有显著的积极影响。刘耀彬（2020）[405] 根据人类发展指数对我国各省份进行分区，实证发现人类发展指数较高的区域，环境规制与 GTFP 呈现正相关关系，而人类发展指数较低的区域，环境规制与 GTFP 呈现负相关关系。解春艳（2022）[406] 在运用 EBM-GML 测度了我国各省的工业绿色全要素发展率水平后，实证发现内陆地区的环境规制与 GTFP 呈现倒 N 形关系，而沿海地区的环境规制与 GTFP 呈现正 U 形关系。综上所述，提出本章的第四个研究假设：

H1d：环境规制对 GTFP 的影响具有区域差异。

5.2 变量选取及数据说明

5.2.1 被解释变量

因变量为城市 GTFP，本书采用 Super‑SBM 模型结合 GML 指数法测度了绿色全要素效率。具体数值已在第 4 章进行测算，测算具体结果如附录附表 1 所示，在此不再赘述。

5.2.2 解释变量

本书的解释变量为环境规制（ER），为了研究异质型环境规制对 GTFP 的影响，本章选择正式环境规制中的命令控制型环境规制和市场激励型环境规制分别作为核心解释变量。

（1）命令控制型环境规制（CER）。本书借鉴何凌云（2022）[407]、上官绪明（2020）[408]采用绩效表现型环境规制综合指数来代表命令型环境规制。选择工业废水处理率来代表废水处理率，选择工业固体废物综合利用率来代表废渣处理率，选择工业二氧化硫去除率来代表废气处理率。在选择这三个正向指标构建环境规制指标后，利用熵值法计算环境规制综合指数。本书参考杨丽（2015）[409]利用熵值法处理面板数据的过程，设有 s 个年份，n 个评价对象，m 个评价指标，本书中 $s=14$，$n=288$，$m=3$，采用极差法对第 t 年第 i 个对象的第 j 项指标 X_{itj} 实施标准化。$t=1,\cdots,s$；$i=1,\cdots,n$；$j=1,\cdots,m$。标准化之后指标 $Z_{itj}=\dfrac{X_{itj}-\min(X)}{\max(X)-\min(X)}$。对 Z_{itj} 进行归一化处理，得到 $P_{itj}=\dfrac{Z_{itj}}{\sum\limits_{t=1}^{s}\sum\limits_{i=1}^{n}Z_{itj}}$，

计算评价指标的信息熵 $E_j=-\dfrac{1}{\ln(sn)}\sum\limits_{t=1}^{s}\sum\limits_{i=1}^{n}P_{itj}\ln P_{itj}$，计算指标权

重 $W_j=\dfrac{1-E_j}{\sum\limits_{j=1}^{m}(1-E_j)}$，最后计算命令控制型环境规制综合指数

$$CER_{it}=\sum_{j=1}^{m}W_j Z_{itj}。$$

（2）市场激励型环境规制（MER）。市场激励型环境规制（MER）

是采用经济激励制度，采用排污费、政府环境补贴、环境污染治理投资和可交易的排污权许可证等市场化的手段，让生产者可以在排污成本和治污收益之间选择，进而确定生产者的生产技术、防治污染技术和排放污染量（彭星，2016；张文卿，2020）[410,411]。市场激励型环境规制可以鼓励生产者研发绿色技术，并对消费者形成绿色消费习惯产生激励作用，从而以较小的环境代价换取较高的经济增长，进而影响GTFP。基于此，本书参考 Cairncross（2000）[412]、Sun（2020）[413] 的做法，选用环境治理投资额与地区生产总值之比代表市场激励型环境规制。

5.2.3　控制变量

为降低遗漏变量带来的估计偏差，本书选取 FDI、产业结构、技术创新、人口受教育水平和信息化水平作为研究环境规制对 GTFP 影响时的控制变量。

（1）外商直接投资水平（Foreign Direct Investment，FDI）。为了促进经济增长和提升就业率，地方政府可能会降低环境准入门槛，使国外将技术落后和高污染产业转移入东道国，对东道国产生"污染避难所"效应，加剧了东道国的环境污染，使东道国的 GTFP 降低。但是 FDI 在激发市场潜在活力、拉动经济增长等方面也发挥着重要作用。FDI 可以为东道国带来绿色生产技术和绿色管理模式，可以通过"污染光环"效应降低东道国的污染排放量，从而对东道国的 GTFP 带来积极影响（黄磊，2021）[414]。本书选取当年实际使用外资金额与 GDP 之比作为 FDI 水平的代理变量。

（2）产业结构（Industry Structure，IS）。产业结构升级可以帮助城市的产业模式从资源消耗型的低生产率模式转向绿色节能型的高生产率模式。空气污染物的最主要制造者是第二产业，因此，整个城市产业结构升级可以有效提升 GTFP（李博，2022）[415]。本书选用第三产业增加值与 GDP 的比值作为产业结构高级化的代理变量，比值越大，表明产业结构高级化水平越高。

（3）技术创新（Technological Innovation，TI）。技术创新可以有效地推动绿色技术进步和经济增长，有利于 GTFP 的提升。技术创新在能源结构调整和资源节约等方面有重要作用，帮助生产者回收利用生产资源、控制污染物排放和研发清洁生产技术，可以同时做到降低生产投入、增加产出和减少非期望产出，对 GTFP 的提升有着积极作用（Wang，2020）[416]。本书选取每万人专利授权数作为技术创新的代理变量。

（4）教育水平（Education Level，Edu）。随着我国人口红利的不断释放和教育投入的不断增加，劳动力的受教育程度对生产率提升的影响越来越重要。在引进绿色技术和绿色设备后，只有拥有一定知识技能、文化技术水平的劳动力才能消化这些环境友好型技术、设备和管理经验，并转变为生产效率。因此，劳动力的教育水平会影响掌握绿色技术的程度和进行绿色创新的能力，从而对 GTFP 产生影响。只有当城市内拥有足够的高水平教育的人力资本，才能真正使绿色技术、绿色设备和绿色管理投入到生产中，从而提高 GTFP（苏科，2021）[417]。本书选用普通高等学校在校学生数的对数值作为教育水平的代理变量。

（5）信息化水平（Information，Info）。信息化能够为城市生产活动提供技术支持，改善高污染产业绿色技术水平落后的情况。信息化发展可以为绿色技术、清洁能源的研发提供交流平台，还能优化生产资源配置，提升资源利用效率，有助于提升 GTFP。信息化可以在资源开发、流通、交易以及消费全过程中都提供绿色支撑，促进形成绿色生态链。通过对信息平台产品交易合同大数据的分析，还可以方便产品定价，提升经济效益（孙早，2018；郑婷婷，2019）[418,419]。本书选取互联网用户数的对数值作为信息化水平的代理变量。

5.2.4　数据来源

第五章的数据来源于 2007—2020 年《中国城市统计年鉴》、2007—2020 年《中国环境统计年鉴》、2007—2020 年《中国统计年鉴》和 2007—2020 年各地级市和直辖市的统计年鉴。数据获取平台有中经网统计数据库（https：//ceidata.cei.cn/）、中国经济社会大数据研究平台（https：//data.cnki.net/）、中国统计信息网（http：//www.tjcn.org/）、前瞻数据库（https：//d.qianzhan.com/）、马克数据网

（http：//www. macrodatas. cn/）。本书均采用市辖区数据，对于缺失数据，用 ARIMA 线性插值法进行填补处理。

5.2.5 变量描述性统计分析

变量的描述性统计结果如表 5－1 所示。从表 5－1 中可以看出，环境规制、FDI 和技术创新水平的标准差较大，说明各城市的环境规制、FDI 水平和技术创新水平的差异较大，我国城市之间的环境规制政策制定、FDI 水平和技术创新水平的区域不平衡性非常明显。

表 5－1　变量的描述性统计

变量	构建方法	样本量（个）	均值	标准差	最大值	最小值
GTFP	Super SBM－GML 指数	4 032	1.031 7	0.166 9	2.708 3	0.309 1
CER	环境规制综合指数	4 032	0.537 9	0.548 0	0.994 0	0.000 4
MER	环境治理投资额/GDP	4 032	0.005 6	0.007 3	0.057 7	0.000 1
FDI	实际利用外资额/GDP	4 032	0.127 2	0.190 8	0.909 4	0.001 4
IS	第三产业增加值/GDP	4 032	0.446 7	0.354 2	0.836 1	0.117 5
TI	专利授权量（件）/常住人口数（万人）	4 032	11.401 4	26.749 1	320.974 7	0.001 8
Edu	普通高等学校在校学生数的对数值	4 032	10.238 4	1.611 4	13.897 1	2.079 4
Info	国际互联网用户数的对数值	4 032	12.691 1	2.048 1	35.993 6	10.039 0

数据来源：作者计算整理获得。

5.3　模型设计

为了实证检验环境规制与 GTFP 之间的关系，结合提出的研究假设，本书选择固定效应模型构建了线性模型，如公式（5－1）所示。

$$GTFP_{it} = C + \alpha_1 ER_{it} + \alpha_2 FDI_{it} + \alpha_3 IS_{it} + \alpha_4 TI_{it} + \alpha_5 Edu_{it} + \alpha_6 Info_{it} + \tau_t + \varepsilon_{it}$$

$$(5-1)$$

其中，C 是截距项，α_1 是核心解释变量环境规制对被解释变量 GTFP 的影响系数，$\alpha_2 \sim \alpha_6$ 分别是各控制变量对 GTFP 的影响系数，ε_{it} 是随机误差项。

为进一步验证环境规制与 $GTFP$ 之间的非线性关系，本书结合提出的假设构建了非线性模型，如公式（5-2）所示。

$$GTFP_{it} = C + \alpha_1 ER_{it} + \alpha_2 ER_{it}^2 + \alpha_3 FDI_{it} + \alpha_4 IS_{it} + \alpha_5 TI_{it} +$$
$$\alpha_6 Edu_{it} + \alpha_7 Info_{it} + \tau_t + \varepsilon_{it} \qquad (5-2)$$

其中，C 是截距项，α_1 是环境规制对被解释变量 $GTFP$ 的影响系数，α_2 是环境规制的二次项对被解释变量 $GTFP$ 的影响系数，$\alpha_3 \sim \alpha_7$ 分别是各控制变量对 $GTFP$ 的影响系数，τ_t 是时间固定效应，ε_{it} 是随机误差项。在验证环境规制与 $GTFP$ 之间是否存在非线性关系时，为了避免环境规制的一次项和二次项之间的多重共线性问题，对环境规制变量进行了去中心化处理。

5.4　实证结果分析

5.4.1　变量的相关性分析

本书运用 Pearson 相关性分析检验了被解释变量、解释变量和控制变量之间的相关关系。表 5-2 展示了各变量 Pearson 相关系数分析的结果。从表 5-2 中可以看出，各变量之间存在显著的相关性。自变量之间的相关系数的绝对值都小于 0.8，可以初步认为自变量之间没有多重共线性。从命令控制环境规制（CER）与 GTFP 的相关性来看，二者在 1% 的显著性水平下显著正相关，初步说明了命令控制型环境规制与 GTFP 之间存在正相关关系，与 H1a 中环境规制与 GTFP 正相关的假设一致。而市场激励型环境规制（MER）与 GTFP 的相关性显著为负，初步说明了异质型环境规制对 GTFP 的影响是不同的，初步验证了 H1c 中的假设。

表 5-2　变量之间的相关性检验结果

变量	$GTFP$	CER	MER	FDI	IS	TI	Edu	$Info$
$GTFP$	1							
CER	0.807***	1						
MER	−0.746***	—	1					
FDI	−0.613***	−0.232***	−0.358***	1				

（续）

变量	*GTFP*	*CER*	*MER*	*FDI*	*IS*	*TI*	*Edu*	*Info*
IS	0.839***	0.559***	0.424***	−0.072***	1			
TI	0.842***	0.708***	0.621***	−0.314***	0.658***	1		
Edu	0.826***	0.668***	0.573***	−0.139***	0.628***	0.610***	1	
Info	0.852**	0.667***	0.645***	−0.034**	0.715***	0.656***	0.610***	1

注：**、***分别表示数据在5%、1%的显著性水平下显著。

5.4.2 变量的平稳性检验

为了检验各变量之间是否存在多重共线性，本书对解释变量和控制变量进行了方差膨胀因子（Variance Inflation Factor，VIF）分析，结果如表5-3所示。所有因变量的方差膨胀因子都小于10，所以各变量之间不存在多重共线性。

表5-3 自变量的方差膨胀因子检验结果

	CER	*FDI*	*IS*	*TI*	*Edu*	*Info*	均值
VIF	1.80	1.86	1.21	2.02	2.33	2.75	2.00
1/VIF	0.56	0.54	0.83	0.50	0.43	0.36	0.53
	MER	*FDI*	*IS*	*TI*	*Edu*	*Info*	均值
VIF	2.24	1.72	1.25	2.04	2.70	2.87	2.14
1/VIF	0.45	0.58	0.80	0.49	0.37	0.35	0.51

数据来源：作者计算整理获得。

进一步，为了避免回归结果出现伪回归，本书采用Levin-Lin-Chu（LLC）检验对面板数据进行单位根检验。从表5-4中可以看出，所有变量均在1%的水平下显著，都通过了LLC检验，说明所有变量都是平稳变量，可以进行回归分析。

表5-4 变量的LLC单位根检验结果

变量	*GTFP*	*CER*	*MER*	*FDI*	*IS*	*TI*	*Edu*	*Info*
数值	−9.47***	−6.59***	−5.13***	−9.62***	−10.85***	−9.49***	−12.48***	−11.22***

注：***表示数据在1%的显著性水平下显著。

5.4.3 命令控制型环境规制影响的回归结果分析

表 5-5 展示了命令控制型环境规制与 GTFP 的固定效应回归结果。从表 5-5 中可以看出，环境规制与 GTFP 之间存在显著的正相关关系，验证了 H1a。从非线性的回归结果来看，环境规制与 GTFP 之间存在显著的正相关关系，但环境规制的二次项与 GTFP 之间存在显著的负向关系。由于非线性模型（5-2）回归结果的 R^2 值和调整后的 R^2 值都比线性回归模型（5-1）的要高，说明环境规制与 GTFP 之间存在倒 U 形的非线性关系，验证了 H1b。也就是说，随着环境规制强度的增加，会对 GTFP 的提升呈现先促进、后抑制的影响。

表 5-5 命令控制型环境规制对 GTFP 影响的回归结果

变量	线性模型	非线性模型
CER	0.217 5***	0.167 4***
	(2.813)	(3.365)
CER^2		−0.014 9***
		(−4.531)
FDI	−0.084 0*	0.079 1
	(−1.681)	(1.425)
IS	0.049 5	0.027 4
	(0.873)	(0.493)
TI	0.467 1***	0.491 4***
	(3.577)	(4.212)
Edu	0.383 9**	0.392 1**
	(2.420)	(2.030)
Info	0.769 7***	0.753 2***
	(2.765)	(2.814)
C	−7.792 6***	−8.017 8***
	(−3.107)	(−3.487)
时间效应	控制	控制
样本量	4 032	4 032
R^2	0.711 5	0.773 8
Adj_R^2	0.656 5	0.694 7

注：*、**、***分别表示数据在 10%、5%、1%的显著性水平下显著，括号内为 t 值。

根据表5-5的回归结果，本书绘制了命令控制型环境规制对GT-FP非线性影响的效果分析图（图5-1）。当命令控制型环境规制的创新补偿效应较强时，会对GTFP产生正向影响。当成本效应和挤出效应较强时，命令控制型环境规制会使生产者面临生产成本增加和生产资金不足的问题。这会使城市的经济收益受损，从而令GTFP受到负向影响。"污染避难所"效应较强时，城市的环境污染问题会加剧，使城市的环境收益受损，也会使GTFP受到负向影响。因此，当命令控制型环境规制的创新补偿效应较强时，环境规制对GTFP的影响会处于倒U形曲线拐点的左侧，促进GTFP的上升。当成本效应、挤出效应和"污染避难所"效应中的一种或多种效应更强时，命令控制型环境规制对GTFP的影响会处于倒U形拐点的右侧，抑制GTFP的上升。

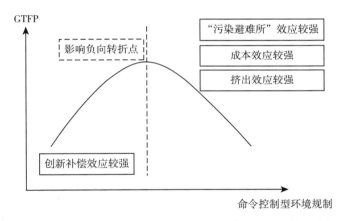

图5-1　命令控制型环境规制对GTFP非线性影响的效果分析

在其他控制变量中，FDI在线性回归模型中的回归系数为负，但在非线性回归模型中的回归系数为正，意味着外商直接投资在我国表现的"污染光环"效应对GTFP提高有正向作用，在环境规制强度较高时，"污染光环"效应大于"污染避难所"效应对GTFP提升的负向作用。

产业结构水平的回归系数在线性和非线模型中都为正，但不显著。这可能是因为大多数城市的支柱产业都为第二产业。第三产业的增加对城市经济收益的影响不如第二产业。但产业结构的调整可以使城市的环境收益有所上升。因此产业结构对GTFP的影响为正但不显著。

技术创新的回归系数在线性和非线性模型中都显著为正，说明技术创新有效地促进了 GTFP 的提高。因此，更应通过技术创新、产业转型升级和提质增效等途径来提高 GTFP。

教育水平的回归系数在线性和非线性模型中都显著为正，这说明人力资本可以促进 GTFP 的提升。劳动力质量的提升有助于提高生产效率，掌握先进生产技术，提高资源利用率，从而对 GTFP 产生积极影响。

信息化水平的回归系数在线性和非线性回归模型中都显著为正，表明一个地区的信息化水平对 GTFP 产生了较强的拉动作用。说明信息化水平的提升，一方面可以使企业接触到更加绿色环保的生产技术，还能推进清洁能源的普及，为绿色创新活动提供了交流平台，有助于清洁技术和产品的研发。另一方面，还会使城市中更多的群体认识到环境保护的重要性，主动监督企业的污染行为，也有助于提升城市的 GTFP 水平。

综上所述，以 2006—2019 年我国 288 个地级市和直辖市为研究样本，环境规制与 GTFP 之间存在显著正相关关系，支持 H1a 中提出的假设。环境规制与 GTFP 之间存在显著的倒 U 形非线性关系，验证了 H1b 中提出的观点。

5.4.4　市场激励型环境规制影响的回归结果分析

为了进一步探讨异质型环境规制对城市 GTFP 的影响，本书选用市场激励型环境规制，对不同类型的环境规制工具与 GTFP 的关系进行研究。

表 5-6 展示了市场激励型环境规制对 GTFP 的 OLS 回归结果。从表 5-6 中可以看出，市场激励型环境规制的一次项回归系数显著为负，二次项的回归系数显著为正。并且，非线性模型（5-2）回归结果的 R^2 值和调整后的 R^2 值都比线性回归模型（5-1）的要高，说明市场激励型环境规制与 GTFP 之间存在正 U 形的非线性关系。而命令控制型环境规制与 GTFP 之间是倒 U 形关系，与市场激励型环境规制的影响不同，验证了 H1c 中提出的异质型环境规制与 GTFP 的关系不同的假设。

表 5-6 市场激励型环境规制对 GTFP 影响的回归结果

变量	线性模型	非线性模型
MER	$-0.521\ 3^{***}$	$-0.536\ 4^{***}$
	(-6.713)	(-4.521)
MER^2		$0.039\ 2^{***}$
		(4.557)
FDI	$-0.154\ 2^{**}$	$-0.179\ 1^{*}$
	(-1.981)	(-1.862)
IS	$0.049\ 4^{*}$	$0.027\ 3^{*}$
	(1.872)	(1.903)
TI	$0.267\ 1^{**}$	$0.591\ 4^{**}$
	(2.210)	(2.231)
Edu	$0.126\ 0^{**}$	$0.292\ 1^{**}$
	(2.020)	(2.103)
Info	$0.157\ 9^{***}$	$0.054\ 8^{***}$
	(3.196)	(3.711)
C	$2.610\ 1^{***}$	$3.113\ 2^{***}$
	(4.047)	(4.648)
时间效应	控制	控制
样本量	4 032	4 032
R^2	0.662 5	0.723 1
Adj_R^2	0.616 4	0.652 3

注：*、**、*** 分别表示数据在 10%、5%、1%的显著性水平下显著，括号内为 t 值。

根据表 5-6 的回归结果，本书绘制了市场激励型环境规制对 GT-FP 非线性影响的效果分析图（图 5-2）。当成本效应和挤出效应较强时，市场激励型环境规制会对 GTFP 产生负向影响。市场激励型环境规制可以通过市场化方式，而不是纯粹的强制命令方式来限制排污和生产设备的强制使用，使生产者有动力对产品和生产过程进行改良和创新，从而增强环境规制的创新补偿效应和优胜劣汰效应。当创新补偿效应和优胜劣汰效应较强时，环境规制会使生产者获得更好的声誉、产品会更加有差异化、生产效率和治污效率都会有所提升，从而对 GTFP 产生正向影响。因此，当市场激励型环境规制的成本效应和挤出效应较强时，环境规制对 GTFP 的影响会处于 U 形曲线拐点的左侧，抑制GTFP 的上升。当创新补偿效应和优胜劣汰效应较强时，环境规制对GTFP 的影响会处于 U 形拐点的右侧，促进 GTFP 的上升。

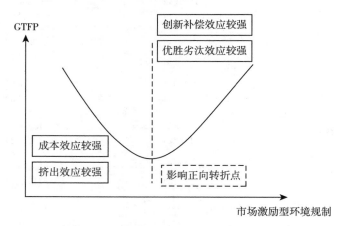

图 5-2 市场激励型环境规制对 GTFP 非线性影响的效果分析

5.4.5 分区域回归结果分析

在对我国整体样本进行回归分析后，为进一步研究环境规制与GTFP 关系的地区差异，本书在将全部城市按照东部、中部、西部和东北分类后，分区域进行了回归分析。各个区域环境规制对 GTFP 影响的回归结果如表 5-7 所示。从表 5-7 中可以看出，东部、西部和东北地区非线性模型（5-2）回归结果的 R^2 值和调整后的 R^2 值都比线性回归模型（5-1）的要高，但中部地区的线性模型的 R^2 值和调整后的 R^2 值更高，说明命令控制型环境规制在东部、西部和东北地区对 GTFP具有非线性影响，但是在中部地区是线性影响。东部城市的命令控制型环境规制对 GTFP 存在倒 U 形非线性影响，与整体样本的回归结果一致。中部地区城市的命令控制型环境规制的一次项系数和二次项系数都为正，说明中部地区的命令控制型环境规制对 GTFP 具有正向促进作用。在东部地区，环境规制对 GTFP 的影响是随着环境规制强度的增强，先促进后抑制。中部地区的命令控制型环境规制还没有到达负向影响拐点，对 GTFP 呈现促进作用。相反，西部和东北地区城市的命令控制型环境规制对 GTFP 具有正 U 形非线性影响，与整体样本的回归结果不一致。随着命令控制型环境规制强度的增加，对 GTFP 的影响在西部和东北呈现先抑制后促进的变化过程。所以，不同区域的环境规制和 GTFP 之间的关系并不相同，H1d 得到验证。

从其他控制变量来看，东部地区的 FDI 对 GTFP 的影响随着环境规制强度的增加，呈现先负后正的变化。说明东部地区 FDI 的"污染光环"效应大于"污染避难所"效应。和其他地区相比，东部地区在承接外商投资企业时，显然更多承接到拥有清洁生产技术的产业。东部地区的产业高级化对 GTFP 的影响在线性和非线性模型中都是积极的，但是回归系数较小且不显著。这可能是因为东部地区拥有较多的第三产业，一直以来都是我国现代化服务业的集聚地区，所以本身的产业结构较为合理，所以回归系数不够显著。技术创新能力对 GTFP 的回归系数在线性和非线性模型中都显著为正。说明东部地区的技术创新对资源循环使用、资源节约利用、减少生产排污和发行清洁产品有积极效果，绿色技术创新显著提升了东部地区的 GTFP 水平。城市的教育水平和信息化水平的回归系数都为正。说明东部地区的人力资本和信息化平台都对绿色技术的创新成果转化、绿色技术和绿色设备的学习应用、绿色生产技术的研发和绿色产品的研发起到了正向作用，有助于 GTFP 的提升。

中部、西部和东北地区的 FDI 对 GTFP 的提升都是负向作用，这是因为中部、西部和东北地区是外商高污染产业的"污染避难所"，当地政府为了提升经济增长，只能引入国外高污染高排放且相对技术含量低的制造业，所以 FDI 对当地的 GTFP 提升产生了抑制作用。中部、西部和东北地区的产业结构优化都和 GTFP 提升呈现显著的正相关关系。说明产业结构升级，提升现代化、数字化服务业在产业结构中的占比，可以有效地促进 GTFP 的增长。技术创新和教育水平都对中部、西部和东北地区的 GTFP 呈现显著负向影响。说明中部、西部和东北地区在技术创新中投入的研发资金和人力挤占了生产活动和盈利活动所需要的资金，技术创新并没有为生产者的生产效率和资源的利用率以及绿色产品的生产带来明显改善，也说明这三个区域的技术创新并没有实现真正意义上的绿色技术创新，使得技术创新抑制了 GTFP 的提升。

中部、西部和东北地区的信息化水平的回归系数都是负数，这三个区域的信息化平台建设并没有为绿色技术效率的提升和绿色技术创新带来正向影响，反而由于信息化建设中所需要的资金投入，挤占了生产者的生产资金和政府补贴等，从而抑制了 GTFP 的提升。

表 5-7　分区域命令控制型环境规制对 GTFP 影响的回归结果

变量	东部		中部	
	线性	非线性	线性	非线性
CER	0.237 1***	0.259 5***	0.004 8**	0.011 2**
	(2.907)	(5.021)	(1.966)	(2.461)
CER^2		−0.015 0***		0.104 8*
		(−4.161)		(1.908)
FDI	−0.721 5	0.500 0	−0.018 1**	−0.018 8**
	(−1.161)	(1.231)	(−2.037)	(−2.021)
IS	0.027 1	0.000 2	0.040 5***	0.034 5***
	(0.445)	(0.005)	(4.384)	(4.354)
TI	0.502 9***	0.775 4***	−0.264 1***	−0.239 4***
	(3.001)	(3.652)	(−2.821)	(−2.720)
Edu	0.166 0***	0.465 7**	−0.067 1*	−0.082 7*
	(3.128)	(2.161)	(−1.867)	(−1.835)
$Info$	0.480 2*	0.512 0**	−0.743 4*	−0.404 3
	(1.793)	(2.056)	(−1.701)	(−0.612)
C	−6.959 0***	−7.720 6***	2.442 3***	2.486 2***
	(−2.647)	(−3.712)	(3.891)	(3.972)
时间效应	控制	控制	控制	控制
样本量	1 218	1 218	1 120	1 120
R^2	0.679 4	0.696 5	0.602 9	0.564 5
Adj_R^2	0.601 2	0.643 2	0.546 2	0.504 7
变量	西部		东北	
	线性	非线性	线性	非线性
CER	−0.002 1**	−0.005 4**	−0.098 0*	−0.065 8
	(−2.530)	(−2.396)	(−1.911)	(−1.527)
CER^2		0.148 0***		0.311 1*
		(2.810)		(1.925)

（续）

变量	西部		东北	
	线性	非线性	线性	非线性
FDI	$-0.002\,4^*$ (-1.813)	$-0.003\,2^*$ (-1.902)	$-0.019\,4^{***}$ (-4.891)	$-0.014\,0^{***}$ (-4.095)
IS	$0.013\,6^{***}$ (3.202)	$0.023\,6^{***}$ (3.261)	$0.065\,3^{***}$ (4.453)	$0.043\,0^{***}$ (4.086)
TI	$-0.020\,5^{**}$ (-2.106)	$-0.029\,2^{**}$ (-2.343)	$-0.007\,9^{***}$ (-4.510)	$-0.007\,6^{***}$ (-4.357)
Edu	$-0.596\,1^{***}$ (-12.762)	$-0.599\,3^{***}$ (-12.836)	$-0.226\,9^{***}$ (-7.571)	$-0.213\,0^{***}$ (-7.448)
Info	$-0.006\,4$ $(-1.400\,1)$	$-0.007\,8$ (-1.594)	$-0.030\,1$ (0.666)	$-0.032\,4$ (0.994)
C	$4.359\,0^{***}$ (10.941)	$4.357\,5^{***}$ (11.161)	$-7.181\,0^{***}$ (-13.304)	$-7.183\,5^{***}$ (-13.510)
时间效应	控制	控制	控制	控制
样本量	1 176	1 176	518	518
R^2	0.632 2	0.647 2	0.600 2	0.605 3
Adj_R^2	0.606 2	0.609 7	0.576 1	0.580 2

注：*、**、***分别表示数据在10%、5%、1%的显著性水平下显著，括号内为 t 值。

从表5-8中可以看出，在对市场激励型环境规制对GTFP影响进行分区域回归分析后发现，东部城市的市场激励型环境规制对GTFP有显著的促进作用，中部的市场激励型环境规制对GTFP存在先抑制后促进的正U形影响关系，而西部和东北城市的市场激励型环境规制会对GTFP产生抑制作用，暂时并未达到U形拐点。

表5-8　分区域市场激励型环境规制对GTFP影响的回归结果

变量	东部		中部	
	线性	非线性	线性	非线性
MER	$0.608\,8^{***}$ (3.875)	$0.273\,2^{***}$ (4.001)	$-0.026\,6^{***}$ (-3.148)	$-0.093\,2^{***}$ (-3.593)
MER^2		$0.306\,5^{***}$ (3.106)		$0.190\,5^{***}$ (3.820)

（续）

变量	东部		中部	
	线性	非线性	线性	非线性
时间效应	控制	控制	控制	控制
样本量	1 218	1 218	1 120	1 120
R^2	0.673 3	0.621 5	0.636 6	0.680 3
Adj_R^2	0.611 3	0.572 0	0.595 5	0.609 6

变量	西部		东北	
	线性	非线性	线性	非线性
MER	−0.380 5*	−0.156 5*	−0.181 9*	−0.146 6*
	（−1.681）	（−1.715）	（−0.510）	（−0.754）
MER^2		−0.119 1		−0.084 7
		（−1.110）		（−1.267）
时间效应	控制	控制	控制	控制
样本量	1 176	1 176	518	518
R^2	0.336 2	0.306 8	0.472 3	0.375 4
Adj_R^2	0.238 7	0.200 9	0.397 0	0.336 6

注：*、***分别表示数据在 10%、1% 的显著性水平下显著，括号内为 t 值。

5.5　稳健性检验

为了保证回归结果的稳健性和可靠性，本书选用滞后一期的环境规制代入模型进行稳健性检验。将核心解释变量滞后一期，还可以在一定程度上解决环境规制与 GTFP 之间存在的内生性。表 5 - 9 和表 5 - 10 分别展示了滞后一期的命令控制型环境规制（ER_{t-1}）和市场激励型环境规制（MER_{t-1}）对 GTFP 影响的回归结果。从表 5 - 9 中可以看出，核心解释变量环境规制和环境规制二次项的回归系数正负号没有发生变化，且都仍然显著。并且，关于环境规制对 GTFP 的影响呈现倒 U 形变化的结论也仍然保持一致。因此，本书得到的有关环境规制与 GTFP 的关系结论具有稳健性。

表 5 - 9　命令控制型环境规制的稳健性检验结果

变量	线性模型	非线性模型
ER_{t-1}	0.247 2***	0.759 6***
	(2.908)	(5.122)
ER_{t-1}^2		−0.015 1***
		(−4.162)
FDI	−0.521 5	0.494 1
	(−1.161)	(1.221)
IS	0.027 6	0.000 2
	(0.446)	(0.405)
TI	0.503 0***	0.575 4***
	(3.006)	(3.652)
Edu	0.467 1	0.056 8
	(0.129)	(1.162)
$Info$	0.480 2*	0.512 1
	(1.774)	(1.057)
C	−7.959 0***	−7.720 7***
	(−1.647)	(−1.712)
时间效应	控制	控制
样本量	3 744	3 744
R^2	0.479 4	0.510 1
Adj_R^2	0.440 2	0.480 2

注：*、***分别表示数据在 10%、1%的显著性水平下显著，括号内为 t 值。

从表 5 - 10 中可以看出，核心解释变量市场激励型环境规制和其二次项的回归系数正负号没有发生变化，且都仍然显著。并且，关于市场激励型环境规制对 GTFP 的影响呈现正 U 形变化的结论也仍然保持一致。因此，本书得到的有关市场激励型环境规制与 GTFP 的正 U 形关系结论具有稳健性。

表 5 - 10　市场激励型环境规制的稳健性检验结果

变量	线性模型	非线性模型
MER_{t-1}	−0.460 0**	−0.434 7**
	(−2.221)	(−2.137)

（续）

变量	线性模型	非线性模型
MER_{t-1}^2		0.149 4 ***
		(5.270)
FDI	−0.382 1*	−0.314 3*
	(−1.756)	(−1.824)
IS	0.188 5	0.156 9
	(1.382)	(0.778)
TI	0.264 6**	0.188 7**
	(2.074)	(2.216)
Edu	0.210 5*	1.578 4
	(1.733)	(1.234)
Info	0.128 6***	0.573 1***
	(5.965)	(3.473)
C	3.812 5***	3.466 5***
	(4.261)	(5.435)
时间效应	控制	控制
样本量	3 744	3 744
R^2	0.445 7	0.563 1
Adj_R^2	0.272 6	0.365 0

注：*、**、***分别表示数据在10%、5%、1%的显著性水平下显著，括号内为t值。

5.6 内生性检验

由于环境规制与 GTFP 之间可能存在互为因果的关系，因此本书为了进一步解决内生性问题，采用工具变量法进行回归分析。本书借鉴陈诗一（2018）[420]、邓慧慧（2019）[421]在处理环境规制与 GTFP 内生性问题时的做法，选择政府工作报告中与"环保"相关词汇出现的频率占报告字数的比重作为环境规制的工具变量后，选用两阶段最小二乘法（Two Stage Least Square，2SLS）估计环境规制对 GTFP 的影响。从表5-11的内生性检验结果可以看出，应用工具变量的 2SLS 法所获得研究结果与 5.4 中的主要结论一致，进一步验证了环境规制对 GTFP

存在非线性影响的假设。

综合稳健性检验和内生性检验结果可知，命令控制环型境规制与我国城市 GTFP 之间存在显著的倒 U 形非线性关系，市场激励型环境规制与 GTFP 之间存在显著的正 U 形非线性关系。

表 5-11　内生性检验结果

变量	线性模型	非线性模型
CER	0.207 5***	0.728 6***
	(2.723)	(5.464)
CER^2		−0.014 8***
		(4.530)
FDI	−0.818 4	0.079 0
	(−1.180)	(0.424)
IS	0.049 0	0.026 4
	(0.872)	(0.492)
TI	0.960 5***	0.591 4***
	(4.214)	(4.223)
Edu	1.614 1	−0.942 9
	(0.803)	(0.506)
Info	0.916 2**	0.953 2**
	(2.341)	(2.159)
C	−9.871 3***	−7.090 7***
	(−3.756)	(−3.501)
时间效应	控制	控制
样本量	4 032	4 032
R^2	0.500 6	0.514 8
Adj_R^2	0.464 9	0.476 0

注：**、***分别表示数据在 5%、1% 的显著性水平下显著，括号内为 t 值。

5.7　本章小结

本章首先选取我国地级市及以上城市 2006—2019 年的面板数据，运用熵值法计算了环境规制强度综合指数。其次，通过构建面板 OLS

线性回归模型和非线性回归模型对命令控制型环境规制对 GTFP 的影响进行了实证分析。再次，对东部、中部、西部和东北四个区域的样本分别进行回归分析，讨论了不同区域环境规制与 GTFP 的关系。基于市场激励型环境规制，探讨不同类型的环境规制工具对 GTFP 的影响。最后，本章利用滞后一期的环境规制变量对回归结果进行了稳健性检验，发现回归结果具有稳健性。再通过工具变量的二阶段最小二乘法对回归结果进行了内生性检验，发现回归结果与已得到的主要结论一致。通过以上分析，本章主要的研究结论如下：

（1）命令控制型环境规制政策在一定程度上促进了我国城市 GTFP 的提升，而如果环境规制强度太高，环境规制对 GTFP 的提升反而起到了抑制作用，命令控制型环境规制与 GTFP 之间呈现倒 U 形的非线性关系。从其他控制变量对 GTFP 的影响来看，FDI、产业结构的优化升级、技术创新、人口受教育程度和信息化水平的增加都对 GTFP 的提升有促进作用。

（2）异质型环境规制对 GTFP 的影响不同。命令控制型规制工具对绿色生产率的影响呈现倒 U 形非线性关系，随着环境规制强度的增强，GTFP 先上升后下降。然而，市场激励型规制工具对 GTFP 的影响呈现正 U 形非线性关系，随着环境规制强度的增强，GTFP 先下降后上升。

（3）环境规制对 GTFP 的影响存在明显的地区差异。命令控制型环境规制在东部地区和 GTFP 之间是倒 U 形非线性关系，在中部地区对 GTFP 有正向促进作用，在西部和东北和 GTFP 之间是正 U 形非线性关系。市场激励型环境规制对在东部地区的 GTFP 存在正向促进作用，对中部地区的 GTFP 存在正 U 形影响关系，在西部和东北地区对 GTFP 有负向抑制作用。

6 │ 环境规制对绿色全要素生产率的空间溢出效应分析

本章实证分析了环境规制对 GTFP 的空间溢出效应。本章首先采用空间计量模型，实证检验命令控制型环境规制对 GTFP 的空间溢出效应。其次，实证检验了环境规制对 GTFP 空间溢出效应的区域差异性。

6.1 研究假设

根据第三章环境规制对 GTFP 空间溢出效应的作用机制分析，环境规制对 GTFP 产生的空间溢出作用既可以直接影响邻近城市的 GTFP，也可以先影响邻近城市的环境规制，再间接影响邻近城市的 GTFP。根据"污染避难所"效应，高污染企业可能会从环境规制较为严格的城市转移到环境规制较为宽松的城市。环境规制强度较低时，污染密集型企业的生产成本较低，具有资金和技术优势的企业将污染密集型、资源消耗型等产业不断地向经济欠发达地区转移，对绿色经济效率产生负向影响。环境规制强度较高时，经济发达地区企业在进行外部扩张或产业转移的时候会接受严格的环境管理监管，注意采用先进的清洁技术进行绿色生产，进而提高绿色经济效率。所以，环境规制对 GTFP 的影响会有空间溢出效应。

Feng（2020）[422]使用京津冀城市群、长三角城市群和珠三角城市群的面板数据，采用空间杜宾模型实证发现环境规制对空气污染排放物的控制有正向空间溢出效应，其中京津冀城市群中环境规制的空间溢出作用最明显。Zhou（2021）[423]运用空间计量模型，发现环境规制对我国工业 GTFP 会产生正向的空间溢出效应。李珊珊（2019）[424] 运用空间杜宾模型实证发现环境规制对邻近城市的碳生产率有明显的正向空间溢出效应。陈浩（2021）[425] 发现环境规制对经济发展的空间溢出效应存在区域差异，东部地区的环境规制对经济高质量发展具有负向空间溢出，而中部和西部的环境规制对经济发展具有正向空间溢出效应。叶娟惠（2021）[426] 使用空间杜宾模型实证发现环境规制与我国经济高质量发展的倒 U 形关系。何正霞（2022）[427] 利用空间杜宾模型实证发现环境规制对环境污染物的排放有抑制作用并对周边城市存在负向空间溢出效应。张翔祥（2022）[428] 利用我国省级面板数据，发现农业 GTFP 具有正向空间自相关性。李慧（2022）[429] 利用我国 2003—2017 年的地级市面板数据，计算发现我国城市 GTFP 具有正向空间自相关性，相邻城市的 GTFP 水平的变化较为一致。余升国（2022）[430] 利用空间自相关模型和空间杜宾模型研究发现由于地方政府间存在环境规制竞争行为，本地环境规制强度提升会带动邻近城市环境规制强度的提升，邻近城市政府会和本地政府采取相同强度的环境规制政策，因此本地环境规制强度的提升会使邻近城市的污染排放量下降。

综上所述，提出本章的研究假设：

H2a：GTFP 具有正向空间自相关性，本地 GTFP 的提升会带动周边城市 GTFP 的提升。

H2b：环境规制对 GTFP 的影响具有空间溢出效应，本地环境规制会对周边城市的 GTFP 的提升产生影响。

H2c：异质型环境规制对 GTFP 的空间溢出作用不同。

H2d：环境规制对 GTFP 的空间溢出效应具有区域差异性，不同区域环境规制对 GTFP 的空间溢出效应不同。

6.2 空间计量模型设计

6.2.1 变量说明

为探讨环境规制对 GTFP 的空间溢出效应，本章与第 5 章中的影响因素分析一样，仍然采用第 4 章测算出的 2006—2019 年的 GTFP 变化作为 GTFP 的水平值。本章的被解释变量仍然是 $GTFP$。

解释变量仍然是以命令控制型环境规制综合指数代表的环境规制（CER）。其他控制变量包括 FDI、产业结构水平、技术创新、人口受教育程度和信息化水平。为了进一步探讨异质型环境规制对城市 GTFP 影响的空间溢出效应，本书同时选取市场激励型环境规制（MER）作为核心解释变量。市场激励型环境规制的代理变量是环境治理投资额占 GDP 的比值，与第 5 章一致。具体的变量描述和数据来源于第 5 章一致，此处不再赘述。

6.2.2　空间自相关性检验

为了考察城市 GTFP 是否存在空间自相关性，本书测度了我国 288 个城市 2006—2019 年的全局自相关分析中的全局莫兰指数（Global Moran's I）。全局莫兰指数的计算公式（6-1）如下：

$$Global\ Moran's\ I = \frac{n \times \sum\limits_{i=1}^{n} \sum\limits_{k=1}^{n} \omega_{ik}(x_i - \bar{x})(x_k - \bar{x})}{\sum\limits_{i=1}^{n} \sum\limits_{k=1}^{n} \omega_{ik} \times \sum\limits_{i=1}^{n}(x_i - \bar{x})^2}$$

$$(6-1)$$

$$\omega_{ik} = \begin{cases} 0\,(i = k) \\ \dfrac{1}{d_{ik}^2}\,(i \neq k) \end{cases} \qquad (6-2)$$

其中，n 是研究城市的总数量；i 和 k 表示单个具体城市，$i, k \in [1, 288]$；ω_{ik} 是地理距离倒数平方空间权重矩阵；d_{ik} 表示两个城市间的经纬度坐标间的距离；x_i 是城市 i 的 $GTFP$；x_k 城市 k 的 $GTFP$；$\bar{x}$ 是 $GTFP$ 的均值，其中，$\bar{x} = \dfrac{\sum\limits_{i=1}^{1} x_i}{n}$；$Global\ Moran's\ I \in [-1, 1]$。如果 $Global\ Moran's\ I > 0$，则表示我国各城市间的 $GTFP$ 存在空间正自相关；如果 $Global\ Moran's\ I = 0$，则表示不存在空间自相关关系；如果 $Global\ Moran's\ I < 0$，则表示存在空间负自相关。当全局莫兰指数越接近 1 或 -1 时，GTFP 的空间自相关性越强。

根据公式（6-1），本书计算了 2006—2019 年城市 GTFP 的全局莫兰指数（表 6-1）。从全局相关性检验看，城市 GTFP 的全局莫兰指数均显著大于 0，说明我国城市 GTFP 呈现出较强的空间正相关特征，验证了 H2a。

表 6-1　我国城市 GTFP 全局莫兰指数

年份	*Global Moran's I*	P 值
2006	0.204***	0.007
2007	0.160***	0.002
2008	0.174**	0.045
2009	0.189*	0.077
2010	0.025***	0.001
2011	0.066***	0.002
2012	0.145***	0.001
2013	0.198*	0.067
2014	0.176*	0.078
2015	0.192*	0.046
2016	0.243*	0.087
2017	0.278**	0.008
2018	0.268***	0.002
2019	0.290**	0.019

注：*、**、***分别表示数据在 10%、5%、1%的显著性水平下显著。

6.2.3　空间计量模型的选择与设计

环境规制对 GTFP 的影响可能会超越该城市边界，进而对邻近城市产生一定影响，即产生空间溢出效应。并且，城市间通过人口、信息等的移动和交换，地理空间中不同城市的各种因素都会对其他城市的 GTFP 产生空间交互作用。为了更好地研究空间交互视角下环境规制对城市 GTFP 的影响，本书选择空间计量模型进行分析。

（1）CER 的空间计量模型选择。本书基于 Anselin（2008）[431] 和 Elhorst（2014）[432] 的空间面板数据检验流程，首先进行拉格朗日乘子统计量检验（Lagrange Multiplier statistics test，LM test）。当核心解释变量为命令控制型环境规制时，根据表 6-2 可知，空间滞后模型（Spatial Autoregressive Model，SAR）的估计值 LM-spatial lag 和空

间误差模型（Spatial Error Model，SEM）的估计值 LM - spatial error 均在 1% 的显著水平下分别拒绝了模型不存在空间滞后项和空间误差项的原假设，证明观测值之间的空间相关性是显著的。再从稳健的 LM 检验结果看，P_{SAR} 和 P_{SEM} 都小于 0.05，表明不能接受将空间杜宾模型（Spatial Durbin Model，SDM）简化为空间滞后模型的原假设。因此，本书选择空间杜宾模型对命令控制型环境规制影响的空间溢出效应进行分析。

表 6 - 2　拉格朗日乘子统计量检验结果（CER）

检验方法	统计量	P 值
拉格朗日乘子滞后检验统计量	147.62	0.000
稳健的拉格朗日乘子滞后检验统计量	27.35	0.000
拉格朗日乘子误差检验统计量	121.04	0.000
稳健的拉格朗日乘子误差检验统计量	20.76	0.000

数据来源：作者计算整理获得。

通过豪斯曼检验（Hausman Test）后发现，豪斯曼检验统计量的 P 值小于 0.05，所以选择固定效应模型，检验结果如表 6 - 3 所示。然后通过空间计量模型的似然比检验，发现地区固定效应和时间固定效应的 LR 检验结果的 P 值都小于 0.05，因此分别拒绝模型不存在地区固定效应和时间固定效应的原假设，检验结果如表 6 - 4 所示。

表 6 - 3　豪斯曼检验结果（CER）

统计量	自由度	P 值
30.952 7	15	0.000

数据来源：作者计算整理获得。

表 6 - 4　似然比检验结果（CER）

检验方法	统计量	自由度	P 值
空间固定效应似然比联合检验	379.02	288	0.000
时间固定效应似然比联合检验	143.35	14	0.000

数据来源：作者计算整理获得。

拉格朗日乘子检验、豪斯曼检验和似然比检验后，本书最终选择双固定效应空间杜宾模型对命令控制型环境规制影响的空间溢出效应进行实证研究，模型设定如公式（6-3）所示。

$$GTFP_{it} = \rho W_i GTFP_{it} + \alpha_1 ER_{it} + \alpha_2 W_i ER_{it}$$

$$+ \sum_{a=1}^{5} \beta_a \theta_{it} + \sum_{a=1}^{5} \zeta_a W_i \theta_{it} + \varphi_i + \tau_t + \varepsilon_{it}$$

$$W_i = \sum_{k=1}^{288} \omega_{ik} \qquad (6-3)$$

其中，$GTFP_{it}$ 为城市 GTFP，i 和 k 表示城市，i，$k \in [1, 288]$；t 表示时间，$t \in [1, 14]$。W_i 为地理距离空间权重矩阵，ω_{ik} 的设定与公式（6-2）一致。$W_i GTFP_{it}$ 为 GTFP 的空间滞后项，用来表示 GTFP 的空间加权平均，ρ 度量城市 GTFP 的空间自相关效应，ER_{it} 代表环境规制指数，α_1 是本地环境规制对本地 GTFP 的贡献，α_2 是本地环境规制对邻近城市 GTFP 的贡献；$\beta_a (a \in [1, 5])$ 衡量本地的控制变量 θ 对于本地 GTFP 的影响，ζ_a 衡量本地的控制变量对邻近城市 GTFP 的影响。φ_i 为地区固定效应，τ_t 为时间固定效应，ε_{it} 为随机扰动项。

（2）MER 的空间计量模型选择。当核心解释变量为市场激励型环境规制 MER 时，因为稳健的空间误差拉格朗日乘子检验的结果 P 值大于 0.05，所以选择空间滞后模型（SAR）来研究市场激励型环境规制对 GTFP 的空间溢出效应，检验结果如表 6-5 所示。

表6-5　拉格朗日乘子统计量检验结果（MER）

检验方法	统计量	P 值
拉格朗日乘子滞后检验统计量	181.92	0.000
稳健的拉格朗日乘子滞后检验统计量	48.03	0.000
拉格朗日乘子误差检验统计量	153.28	0.000
稳健的拉格朗日乘子误差检验统计量	2.90	0.076

数据来源：作者计算整理获得。

通过豪斯曼检验后发现，豪斯曼检验统计量的 P 值小于 0.05，所以选择固定效应模型，检验结果如表 6-6 所示。然后通过空间计量模型的似然比检验，发现地区固定效应和时间固定效应的 LR 检验结果的 P 值都小于 0.05，因此分别拒绝模型不存在地区固定效应和时间固定效应的原假设，检验结果如表 6-7 所示。

表 6 - 6　豪斯曼检验结果（MER）

统计量	自由度	P 值
23.618 4	7	0.002

数据来源：作者计算整理获得。

表 6 - 7　似然比检验结果（MER）

检验方法	统计量	自由度	P 值
空间固定效应似然比联合检验	359.62	288	0.000
时间固定效应似然比联合检验	150.24	14	0.000

数据来源：作者计算整理获得。

拉格朗日乘子检验、豪斯曼检验和似然比检验后，本书最终选择双固定效应空间滞后模型对命令控制型环境规制影响的空间溢出效应进行实证研究，模型设定如公式（6-4）所示：

$$GTFP_{it} = \rho W_i\, GTFP_{it} + \alpha_1\, ER_{it} + \sum_{a=1}^{5} \beta_a\, \theta_{it} + + \varphi_i + \tau_t + \varepsilon_{it}$$

$$(6-4)$$

各变量含义参见公式（6-3）的说明，在此不再赘述。

6.3　实证结果分析

6.3.1　命令控制型环境规制的空间效应分析

本章使用 MATLAB 2020a 对空间计量模型进行回归分析。表 6 - 8 展示了空间杜宾模型的回归结果。从表 6 - 8 来看，命令控制型环境规制、FDI、产业结构高级化、技术创新和信息化水平都在 1% 或 5% 的水平下显著。从回归系数的正负号来看，命令控制型环境规制对本地城市的 GTFP 有正向影响，但对邻近城市的 GTFP 有负向影响，H2b 得到了初步验证。FDI 对本地和邻近城市 GTFP 的影响都是正向的，说明 FDI 的"污染避难所"效应较弱，对外开放水平的提高在一定程度上提升了 GTFP。这可能是由于外资带来了先进的清洁技术和清洁设备，可以减少生产过程中的污染物排放。技术创新对本地的 GTFP 的提升具有促进作用，但会抑制邻近城市的 GTFP。教育水平和产业结构对

GTFP 的影响是正向的，但是教育水平的空间滞后项对 GTFP 的提升具有负向空间溢出作用，产业结构对邻近城市的 GTFP 水平具有正向促进作用。本地信息化水平的提升，对本地和邻近城市的 GTFP 都具有正向影响。

表 6-8　空间杜宾模型回归结果

变量	系数	t 值	P 值
$W \times GTFP$	0.385 1***	7.421 1	0.000 0
CER	0.131 8***	5.211 4	0.000 0
FDI	−0.092 0**	−2.092 2	0.036 3
IS	0.975 3	1.303 6	0.453 0
TI	0.609 3***	3.490 4	0.000 0
Edu	0.068 1*	1.683 9	0.059 2
$Info$	0.368 3***	3.645 5	0.000 3
$W \times CER$	−0.035 1***	−4.163 4	0.000 0
$W \times FDI$	0.161 0***	2.692 3	0.000 2
$W \times IS$	−0.032 7***	−4.008 0	0.000 0
$W \times TI$	−0.932 1***	−3.370 2	0.000 0
$W \times Edu$	−0.368 3***	3.645 5	0.000 3
$W \times Info$	0.053 4***	2.620 1	0.000 0
地区效应	控制		
时间效应	控制		
样本量	4 032		
R^2	0.812 6		

注：*、**、***分别表示数据在 10％、5％、1％的显著性水平下显著。

因为空间计量模型中包含了空间交互影响，因此回归系数的解释能力不够准确，应该采用直接效应和间接效应对环境规制的空间作用进行解释，用间接效应来解释空间溢出效应。表 6-9 展示了环境规制对 GTFP 空间作用的直接效应、间接效应和总效应结果。直接效应反映了本地的环境规制和各控制变量对本地 GTFP 提升的影响，间接效应反映了本地的环境规制和各控制变量对邻近城市 GTFP 提升的空间溢出效应。

从直接效应来看，环境规制对 GTFP 的影响为正向，表明整体样本的本地环境规制能够对环境质量的改善和节能改善起到一定的作用。这是因为目前我国对环境污染的处理态度大多集中在事后控制和末端治理，对产生的污染物进行处理，因此命令控制型环境规制能够在一定程度上减少本地污染物的排放。FDI 对本地 GTFP 的提升有负向作用，进一步证明了 FDI 对本地的 GTFP 产生的"污染避难所"效应大于"污染光环"效应。产业结构高级化对 GTFP 的直接效应也为正，表明产业结构的优化可以增加现代化、绿色化的第三产业占比，减少耗能大、资源型的第二产业的占比。技术创新对环境污染有显著的正向影响，可以认为我国的环境规制可能符合波特假说，波特假说的观点是：一定的环境规制手段可能引起技术创新水平的提高，产生"创新补偿效应"，增加清洁技术和清洁产品的研发成果、减少对环境的污染。教育水平对环境污染的直接影响是正向的，表明随着人口质量的提升，GTFP 可以在一定程度上得到提升。信息化水平对 GTFP 影响的直接效应也是正向的。

从间接效应来看，环境规制对邻近城市的 GTFP 的影响是负向的，说明环境规制对 GTFP 的影响会产生负向空间溢出效应，验证了 H2b。这可能是因为我国各城市环境规制力度存在差异，产生"污染避难所"效应。高污染产业在严格的环境规制政策下选择迁移到邻近城市发展，给邻近城市带来环境污染。FDI 的间接效应显著为正，表现出明显的正向的空间溢出效应。说明一个城市的对外开放水平越高，其周边城市的 GTFP 水平也能得到一定提升。产业结构对周边城市 GTFP 的空间溢出效应显著为正。说明本地产业结构优化升级会带动邻近城市的产业结构也进行优化升级，所以邻近城市的高污染、高耗能产业占比也会下降，邻近城市的 GTFP 会有所上升。技术创新水平对本地城市的 GTFP 的影响显著为正，但本地技术创新水平的提升产生的空间溢出效应是负向的，说明本地的技术创新仅能够提升本城市的 GTFP，却对周边城市的 GTFP 水平产生一定的负向影响作用。这可能是因为本地的生产者在对生产技术、治污技术和产品进行绿色创新后，并不会将绿色技术无偿提供给邻近城市使用，所以邻近城市的绿色生产水平会相对落后，降低了 GTFP 的水平。教育水平对邻近城市 GTFP 的提升具有负向作用，说明教育水平对人才具有"虹吸效应",教育水平高和高等院校较多的城市会形成教育产业的聚集,并吸引更多的人才前来就读和深造,对邻近城市的 GTFP 产生负向空间溢出。本地信息化水平的提升对邻近城市的 GTFP 有正向空间溢出效应,这可能是因为信息化建设会对城市之间绿色技术研发和绿色技术创新的交流学习产生积极作用。

从总效应来看,环境规制对 GTFP 的总效应是正向的,表明环境规制强度的增加能够在一定程度上起到对 GTFP 的提升起促进作用,并且直接效应的效果大于间接效应。FDI、产业结果、技术创新、教育水平和信息化水平对 GTFP 的总效应都是正向的。其中,技术创新和教育水平对 GTFP 影响的直接效应都大于间接效应。

表 6-9 命令控制型环境规制的空间效应分解结果

变量	直接效应	间接效应	总效应
CER	0.141 8***	−0.211 5***	−0.069 7***
	(2.933)	(−3.065)	(4.072)
FDI	−0.099 0**	0.092 3**	0.006 7**
	(1.970)	(2.003)	(2.334)
IS	0.075 3*	0.303 6**	0.378 9
	(1.675)	(2.114)	(1.357)
TI	0.609 4***	−0.490 5*	0.118 9***
	(4.466)	(−1.754)	(3.789)
Edu	0.368 3	−0.045 5	0.322 8
	(0.898)	(−0.584)	(0.818)
Info	0.068 0***	0.084 0**	0.152 0***
	(3.717)	(2.109)	(3.789)

注:*、**、*** 分别表示数据在 10%、5%、1%的显著性水平下显著,括号内为 t 值。

6.3.2 市场激励型环境规制的空间效应分析

在运用空间滞后模型对市场激励型环境规制的空间作用进行回归分析后,得出市场激励型环境规制和 FDI 都对 GTFP 有负向影响,而 GTFP 的空间滞后项、产业结构、创新水平、教育水平和信息化水平都对 GTFP 有正向影响(表 6-10)。

表 6 - 10　空间滞后模型回归结果

变量	系数	t 值	P 值
$W \times GTFP$	0.375 0 ***	3.078 9	0.000 2
MER	−0.486 9 ***	−2.883 7	0.004 6
FDI	−0.218 0 *	−1.713 5	0.083 0
IS	0.194 2 *	1.661 8	0.078 6
TI	0.087 6 *	1.780 2	0.070 1
Edu	0.345 7 **	2.005 0	0.020 0
$Info$	0.233 8 ***	4.745 8	0.000 0
地区效应		控　制	
时间效应		控　制	
样本量		4 032	
R^2		0.751 9	

注：*、**、***分别表示数据在 10%、5%、1% 的显著性水平下显著。

从表 6 - 11 空间滞后模型的效应分解结果中可以看出，市场激励型
环境规制对 GTFP 空间影响的间接效应为正，说明市场激励型环境规
制对 GTFP 的影响存在正向空间溢出效应，本地城市的市场激励型环
境规制会促进邻近城市 GTFP 的提升，H2b 得到支持。因此，市场激
励型环境规制的空间溢出作用对城市 GTFP 有显著的正向空间溢出作
用。而前文分析得出命令控制型环境规制对 GTFP 的空间溢出效应为
负，与市场激励型相反，从而验证了 H2c。

表 6 - 11　市场激励型环境规制的空间效应分解结果

变量	直接效应	间接效应	总效应
MER	−0.486 2 ** (−2.089)	0.350 9 *** (3.044)	−0.135 3 (−0.559)
FDI	−0.047 3 (−0.628)	0.321 2 ** (2.118)	0.273 9 ** (2.140)
IS	0.326 4 (1.000)	1.549 4 ** (2.337)	1.875 8 ** (2.485)
TI	0.024 3 (1.386)	−0.115 4 (−0.950)	−0.091 1 (−0.594)

（续）

变量	直接效应	间接效应	总效应
Edu	0.449 2*** (5.008)	−0.278 2*** (−3.357)	0.171 0 (1.628)
Info	0.315 0*** (6.277)	0.417 7*** (4.152)	0.732 7*** (6.437)

注：*、**、***分别表示数据在10%、5%、1%的显著性水平下显著，括号内为 *t* 值。

6.3.3 分区域空间效应分析

为了研究分区域的环境规制对 GTFP 的空间溢出效应是否不同，本书将全部城市样本按照东部城市、中部城市、西部城市和东北城市进行分类。表6-12展示了当命令控制型环境规制为核心解释变量时，分区域的 CER 的空间效应分解结果。表6-13展示了当市场激励型环境规制为核心解释变量时，分区域的 MER 的空间效应结果。

从表6-12中可以看出，东部地区的命令控制型环境规制对 GTFP 影响的间接效应回归系数显著为正，说明东部城市环境规制对 GTFP 具有正向空间溢出效应；中部地区的环境规制对 GTFP 的间接效应回归系数也显著为正，说明中部地区环境规制对 GTFP 具有正向空间溢出效应；西部的环境规制对 GTFP 的间接效应为负但不显著，说明西部地区环境规制对 GTFP 存在负向空间溢出效应，但不显著；东北地区环境规制对 GTFP 影响的间接效应为负，但是也不显著，说明东北地区环境规制对 GTFP 存在负向空间溢出效应，但不显著。以上结论支持了 H2d 中提出的环境规制对 GTFP 影响的空间效应具有区域差异的观点。

表6-12 命令控制型环境规制分区域空间效应分解结果

	直接效应	间接效应	总效应	样本量
东部	0.217 2*** (3.152)	0.276 1*** (3.955)	0.493 3*** (2.969)	1 218
中部	0.247 6*** (5.152)	0.197 0*** (5.055)	0.444 6*** (3.217)	1 120

（续）

	直接效应	间接效应	总效应	样本量
西部	$-0.068\ 8^{**}$ (-2.475)	$-0.088\ 5$ (-1.435)	$-0.157\ 3$ (-1.524)	1 176
东北	$-0.029\ 6^{**}$ (-2.264)	$-0.046\ 7$ (-0.842)	$-0.076\ 3^{**}$ (-1.986)	518

注：*、**、***分别表示数据在10%、5%、1%的显著性水平下显著，括号内为 t 值。

　　进一步，在采用市场激励型环境规制作为核心解释变量，进行分区域回归分析后发现，市场激励型环境规制的空间溢出效应存在区域差异。从表6-13中可以看出，市场激励型环境规制对东部地区和中部地区的 GTFP 存在正向空间溢出效应，对东北地区的 GT-FP 存在负向空间溢出效应，在西部地区的空间溢出效应为正，但不显著。

表6-13　市场激励型环境规制分区域空间效应分解结果

	直接效应	间接效应	总效应	样本量
东部	$0.502\ 8^{***}$ (4.250)	$0.241\ 6^{***}$ (4.673)	$0.744\ 4^{***}$ (4.208)	1 218
中部	$-0.256\ 9^{***}$ (-4.392)	$0.088\ 5^{*}$ (1.718)	$-0.168\ 4^{**}$ (-2.435)	1 120
西部	$-0.017\ 6^{*}$ (-1.890)	$0.006\ 2$ (0.556)	$-0.011\ 4$ (-0.821)	1 176
东北	$-0.128\ 6^{**}$ (-2.093)	$-0.201\ 4^{*}$ (-1.701)	$-0.330\ 0^{**}$ (-2.189)	518

注：*、**、***分别表示数据在10%、5%、1%的显著性水平下显著，括号内为 t 值。

　　综上所述，分区域的回归分析结果显示，东部城市的命令控制型环境规制对邻近城市的 GTFP 产生正向空间溢出效应；东部城市的市场激励型环境规制会对邻近城市的 GTFP 产生正向空间溢出效应。中部城市的命令控制型环境规制对邻近城市的 GTFP 产生正向空间溢出效应；中部城市的市场激励型环境规制会邻近城市的 GTFP 产生正向空间溢出效应。西部城市的命令控制型环境规制对邻近城市的 GTFP 产生负向但不显著的空间溢出效应；西部城市的市场激励型环境规制会对邻近城市的 GTFP 产生正向但不显著的空间溢出效应。东北城市的命令控制型环境规制对邻近城市的 GTFP 产生负向但不显著的空间溢出效应；东北城市的市场激励型环境规制会对邻近城市的 GTFP 产生负向但不显著的空间溢出效应。因此不同区域环境规制对 GTFP 的空间影响并不相同，H2d 得到支持。

6.4　稳健性检验

本书采用变换空间权重矩阵法，对回归分析结果进行稳健性检验。本书采用经济距离矩阵进行稳健性检验。其中，经济地理矩阵的非对角线元素则采用各城市的年均 GDP 差值绝对值的倒数表示。表 6 - 14 的稳健性结果显示出核心解释变量命令型环境规制的空间效应分解结果与前文保持一致，都表明环境规制对本地的 GTFP 有显著提升作用，对周围地区的 GTFP 有显著抑制作用，具有负向空间溢出效应。

表 6 - 14　命令控制型环境规制对 GTFP 空间溢出效应的稳健性检验结果

变量	直接效应	间接效应	总效应
ER	0.338 7*** (3.237)	−0.447 2*** (−3.879)	−0.108 5 (−0.813)
FDI	−0.455 3 (−0.693)	1.507 1** (2.354)	1.051 9 (0.062)
IS	0.133 5 (0.887)	0.294 5 (1.487)	0.039 0 (0.204)
TI	0.794 4 (0.596)	−0.908 1 (−1.595)	0.113 7 (1.067)
Edu	0.026 3 (0.586)	−0.135 0** (−1.973)	−0.397 6* (−1.942)
Info	0.548 6*** (4.750)	0.308 9*** (5.984)	0.857 5*** (6.275)

注：*、**、***分别表示数据在 10%、5%、1%的显著性水平下显著，括号内为 t 值。

表 6 - 15 的稳健性结果显示，虽然核心解释变量市场激励型环境规制的空间效应分解结果的显著性有所变化，但正负号仍与前文保持一致，都表明市场激励型环境规制对本地的 GTFP 有负向作用，但对周围地区的 GTFP 有显著促进作用，具有正向空间溢出效应。因此，前文的实证结论是稳健的。

表 6 - 15　市场激励型环境规制对 GTFP 空间溢出效应的稳健性检验结果

变量	直接效应	间接效应	总效应
MER	−0.070 1 (−0.105)	0.067 3** (2.148)	−0.002 8 (−0.511)
FDI	−0.254 5 (−1.474)	0.340 6 (0.506)	0.086 1 (0.109)
IS	0.147 5* (1.929)	0.268 8* (1.688)	0.416 4** (2.197)
TI	0.279 4 (1.586)	−0.027 5 (−0.038)	0.251 9 (0.302)
Edu	0.467 8*** (3.838)	0.077 3 (0.311)	0.545 1** (2.114)
Info	0.126 6*** (2.702)	0.156 1 (1.160)	0.282 7* (1.796)

注：* 、** 、*** 分别表示数据在 10%、5%、1%的显著性水平下显著，括号内为 t 值。

6.5　本章小结

本章在第 4 章验证了 GTFP 的空间自相关基础上，进一步研究了环境规制对 GTFP 影响的空间溢出效应。在经过拉格朗日乘子检验、豪斯曼检验和似然比检验后，本章选用时间固定、地区固定的双固定空间杜宾模型，以 2006—2019 年我国 288 个地级市及以上城市为研究样本，对环境规制对 GTFP 影响的空间作用进行回归分析，并进行空间效应分解分析。本章主要的研究结论如下：

（1）从异质型环境规制的视角来看，不同类型的环境规制工具对 GTFP 影响的空间溢出效应不同。命令控制型环境规制对 GTFP 影响的空间溢出效应为负，但市场激励型环境规制的空间溢出效应为正。本地命令控制型环境规制强度的增加会抑制邻近城市 GTFP 的提升，而市场激励型环境规制强度的增加会促进邻近城市 GTFP 的提升。

（2）分区域来看，不同区域环境规制对 GTFP 的空间溢出效应不同。东部和中部的命令控制环境规制对 GTFP 的影响都产生了正向空间溢出效应，和整体区域样本一致。但是西部和东北的命令控制型环境规制对 GTFP 存在负向空间溢出效应，但不显著。市场激励型环境规制对东部地区和中部地区的 GTFP 存在正向空间溢出作用，对东北地区的 GTFP 存在负向空间溢出作用，在西部地区存在不显著的正向空间溢出效应。这说明不同区域的城市之间空间交互作用不同，生产要素互相流入流出情况也不同，导致环境规制的空间溢出效应具有区域差异性。

（3）FDI、产业结构优化和信息化水平的提升对 GTFP 的提升有正向空间溢出效应。FDI 对城市 GTFP 的直接效应为负，但空间溢出效应显著为正，表明 FDI 对邻近城市 GTFP 产生了正向的影响。这可能是因为外资的进入给本城市带来了先进的生产技术、管理经验，通过正向的技术溢出效应，对周边城市形成"扩散效应"，邻近城市以更低的代价模仿或者吸收比本城市更高的外来技术以及生产经验，从而带动周边城市 GTFP 的提高。产业结构升级对城市 GTFP 的直接效应显著为正，间接效应也显著为正，说明产业结构高级化对 GTFP 产生了正向的空间溢出效应。这说明产业结构升级不仅促进了本地 GTFP 的提升，还带动了邻近城市 GTFP 的提升。这表明产业结构向服务业等第三产业倾斜的高级化进程有利于提高本地和邻近城市的 GTFP 水平。信息化水平提升对 GTFP 的直接效应和间接效应都为正，说明信息化水平对 GTFP 的影响具有正向空间溢出效应。

（4）技术创新和教育水平对 GTFP 的提升具有负向空间溢出效应。技术创新对 GTFP 的直接效应显著为正，但间接效应显著为负，产生了负向的空间溢出效应。这是因为随着城市研发投入的增加可能会通过"竞相到底效应"和"搭便车"行为影响周边城市放松研发投入，不利于周边城市技术进步；同时，高技术水平的企业为防止竞争，有可能对周边城市的企业进行核心技术封锁，从而不利于周边城市 GTFP 的提升。教育水平对 GTFP 的直接效应为正，但是间接效应为负，对周边城市 GTFP 水平的提升具有负向空间溢出效应。这是因为教育水平的提升会对周边的创新人才产生"虹吸效应"，将周边人力资本吸收到本地，对周边城市的绿色技术效率提升带来负向作用，导致周边城市的 GTFP 降低。

7 │ 自愿型环境规制对绿色全要素生产率影响的实证分析

通过第 5 章和第 6 章的研究发现，异质型环境规制与 GTFP 之间的关系，以及空间关系都是不同的。第 5 章中主要探讨了命令控制型环境规制和市场激励型环境规制与 GTFP 的关系，因此本章将研究自愿型环境规制的政策实施效果。本章选用自愿型环境规制政策——环境信息公开，作为一次准自然实验，使用双重差分法对自愿型环境规制对 GTFP 的影响进行实证分析。

7.1 研究假设

自愿型环境规制是指通过改善环境问题的信息公布渠道，提高个体或集体的资源责任水平等来改善环境状况的规制手段。不同于命令控制型环境规制和市场激励型环境规制，自愿型环境规制不具备强制约束力，更多的是社会公众自愿地在解决环境污染问题时进行抗议、协商、上访和投诉，以及企业自觉增加环保意识和自愿承担环保责任。自愿型环境规制可以有效减少信息不对称和规制成本，可以作为在提升城市 GTFP 过程中的重要补充规制工具。自愿型环境规制扩充了对排污者的监督和处罚渠道，可以有效降低环境污染物，在经济直觉上，应该会有助于提升 GTFP 水平（张华，2020）[433]。

Blanco（2009）[19]认为企业可以从自愿环保倡议中获得经济效益，并能自发地研究污染控制方法和污染预防方法，从而改善 GTFP。Blackman（2010）[434]对墨西哥的自愿监管倡议"清洁产业计划"进行评估后发现，尽管在实施自愿环境规制政策后吸引了更多的污染工厂自主加入倡议计划中，但是该政策并没有对参与者的绿色生产效率产生显著和持久的正向影响。Wang（2016）[435]认为企业如果积极地进行自愿环境风险信息披露，可以有效减少环境损害，在长期能够降低预期社会成本，从而提升 GTFP。任胜钢（2016）[89]研究发现自愿型环境规制对 GTFP 的影响存在区域差异。自愿型环境规制对东部和中部地区的 GTFP 产生了先促进后抑制的影响，但西部地区对 GTFP 的影响不存在线性关系，而是正向影响。步晓宁（2022）[50]采用双重差分模型对政府节能采购政策进行评估后发现，政府节能采购政策可以降低企业污染排放，促进 GTFP 的提高。

综上所述，提出了本章的研究假设：

H3a：自愿型环境规制对 GTFP 具有促进作用。

H3b：自愿型环境规制对 GTFP 的影响具有滞后效应。

H3c：自愿型环境规制对 GTFP 的影响具有区域差异性。

7.2　实证模型设计

7.2.1　变量选取与数据说明

（1）被解释变量。为探讨自愿型环境规制对 GTFP 的影响，本章与第 5 章中的被解释变量一致，都采用分析期内的 GTFP 变化值来衡量 GTFP 的水平值。

（2）解释变量。本章选择环境信息公开制度作为自愿型环境规制（VER）的代理变量。在探讨环境信息公开的双重差分模型中，将该变量定义为自愿型环境规制的双重差分变量，即进行信息公开试点的政策处理组别虚拟变量与政策实施时间虚拟变量的乘积。某城市信息公开的当年及之后隔年取值为 1，否则为 0。组别虚拟变量 du 中有 113 个城市作为环境信息公开的试点城市 du 取值为 1，其余城市作为对照，du 取值为 0。政策实施时点虚拟变量 dt 在 2008 年及之后取值为 1，其余时间取值为 0。

（3）控制变量。其他控制变量包括 FDI、产业结构水平、技术创新、人口受教育程度和信息化水平，与第 5 章的控制变量相同，此处不再赘述。

（4）数据来源。除测度自愿型环境规制的双重差分变量外，本章采用的其他数据来源与第 5 章一致，此处不再赘述。其中，在环境规制政策绩效评价模型中，测度自愿型环境规制的双重差分变量是开展环境信息公开试点的组别虚拟变量和时间虚拟变量的乘积。双重差分变量的数据根据《环境信息公开办法（试行）》进行选取。因为 2013 年后，环境信息公开试点城市增加到 120 个，本章仅对第一批试点城市的政策实施情况进行研究。因此，本章选择 2006—2012 年作为研究时段。研究对象包括我国 288 个地级市及以上城市，与第 5 章保持一致。实验组的城市如表 7 - 1 所示。

表 7 - 1　环境信息公开政策实验组城市

东部城市	中部城市	西部城市	东北城市
北京市，天津市，石家庄市，唐山市，邯郸市，保定市，秦皇岛市，上海市，南京市，无锡市，徐州市，常州市，苏州市，南通市，连云港市，盐城市，扬州市，杭州市，湖州市，绍兴市，温州市，台州市，宁波市，福州市，泉州市，厦门市，济南市，青岛市，淄博市，枣庄市，烟台市，潍坊市，济宁市，泰安市，威海市，日照市，广州市，深圳市，珠海市，汕头市，佛山市，韶关市，东莞市，中山市，湛江市，海口市，三亚市	太原市，大同市，阳泉市，长治市，临汾市，合肥市，马鞍山市，芜湖市，南昌市，九江市，郑州市，开封市，洛阳市，平顶山市，安阳市，焦作市，武汉市，荆州市，宜昌市，长沙市，株洲市，湘潭市，岳阳市，常德市，张家界市	呼和浩特市，鄂尔多斯市，包头市，南宁市，柳州市，桂林市，北海市，重庆市，成都市，攀枝花市，泸州市，绵阳市，宜宾市，贵阳市，昆明市，曲靖市，西安市，铜川市，宝鸡市，咸阳市，延安市，兰州市，金昌市，西宁市，银川市，石嘴山市，乌鲁木齐市，克拉玛依市	赤峰市，沈阳市，大连市，鞍山市，抚顺市，本溪市，锦州市，长春市，吉林市，哈尔滨市，齐齐哈尔市，牡丹江市，大庆市

7.2.2　DID 模型设计

为了考察非正式环境规制的碳排放效应，本章以"公众环境研究中心"这一非营利性环保组织和自然资源保护委员会对部分城市进行污染源监管信息公开作为环境规制的一次准自然实验。选择双重差分模型（Differences - in - Differences，DID）来估计环境信息公开对 GTFP 的影响。本章根据张华（2020）[423]、Cesur（2017）[436] 的双重差分模型设计思路，设定计量模型如公式（7 - 1）所示：

$$GTFP_{it} = C + \alpha_1 VER_{it} + \sum_{a=1}^{5} \beta_a \theta_{it} + \varphi_i + \tau_t + \varepsilon_{it} \quad (7-1)$$

其中，VER_{it} 表示解释变量自愿型环境规制，$VER_{it} = du_i \times dt_{it}$，其回归系数由 α_1 度量。$GTFP_{it}$ 表示被解释变量 $GTFP$ 水平。$\beta_a(a \in [1, 5])$ 表示控制变量 θ 对于 $GTFP$ 的影响，φ_i 为地区固定效应，τ_t 为时间固定效应，ε_{it} 为随机扰动项。

7.3 实证结果分析

7.3.1 基准 DID 的回归分析结果

根据实证分析模型选择，本节使用 Stata 16 对双重差分模型进行回归分析。表 7-2 展示了自愿型环境规制对 GTFP 的基本回归分析结果。从表 7-2 中可以看出，环境信息公开对 GTFP 的提升影响为正，并在 1% 的水平上显著，说明采用环境信息公开后，可以显著提升 GTFP 的增长，验证了 H3a。在我国各城市的经济发展中，让企业和政府进行环境信息公开，所产生的对绿色技术创新和绿色资源优化配置所带来的"创新补偿效应"大于绿色产品生产性投入、绿色技术研发投入和绿色组织管理投入等的"成本挤出效应"，从而表现为促进 GTFP 的提升。

表 7-2 自愿型环境规制对 GTFP 影响的基本回归结果

变量	系数	t 值
VER	0.142 8***	3.880 4
FDI	−0.005 3	−1.104 2
IS	0.002 6	0.812 5
TI	0.016 3**	2.347 1
Edu	0.018 6**	2.148 0
Info	0.053 5***	4.495 8
地区效应	控制	
时间效应	控制	
样本量	2 016	
R^2	0.685 3	

注：*、**、*** 分别表示数据在 10%、5%、1% 的显著性水平下显著。

7.3.2 平行趋势检验

基本双重差分回归分析结果表明，自愿型环境规制促进了我国城市 GTFP 的增长。为了验证回归分析结果是否有效，本章采用时间研究法对环境信息公开制度中的 GTFP 进行平行趋势检验，检验结果如表 7-3 所示。从表 7-3 中可以看出，$t-1$ 和 $t-2$ 这两个反事实的政策实施时间的回归系数并不显著，这说明在环境信息公开制度实施之前，处理组和对照组的 GTFP 的演变趋势是一致的，都满足平行趋势假设，并且都不具有预期效应。因此，基本双重差分的回归结果是有效的，自愿型环境规制对 GTFP 的提升会产生促进作用。

从表 7-3 中可以看出，政策时点虚拟变量 $t+2\sim t+4$ 的系数估计值都通过了显著性检验，这说明实施自愿型环境规制对 GTFP 的影响具有滞后效应，在政策实施后的第三年才开始产生显著的正向影响，支持了 H3b。

表 7-3　自愿型环境规制对 GTFP 影响的平行趋势检验结果

变量	系数	t 值
$t-2$	0.003 7	0.152 9
$t-1$	0.008 2	0.310 6
t	0.035 1	1.227 3
$t+1$	0.047 2	1.503 2
$t+2$	0.070 2**	1.992 7
$t+3$	0.077 0**	1.981 1
$t+4$	0.084 8***	2.723 6
控制变量	控制	
地区效应	控制	
时间效应	控制	
R^2	0.607 1	

注：*、**、***分别表示数据在 10%、5%、1%的显著性水平下显著。

7.3.3 区域异质性分析

为了进一步探究我国不同区域的自愿型环境规制对 GTFP 的影响

是否相同，本章将全体样本城市按照东部、中部、西部和东北，划分为东部城市、中部城市、西部城市和东北城市四个类型。之后分别对它们进行双重差分回归。分区域双重差分回归结果如表 7-4 所示。

从表 7-4 中的结果可以看出，环境信息公开制度对 GTFP 的影响仅在东部和中部地区显著为正，与全国整体样本的情况一致。西部和东北地区的回归系数虽然为正，但是并不显著。所以，自愿型环境规制对 GTFP 的影响具有明显的区域异质性，H3c 得到验证。

表 7-4　分区域自愿型环境规制对 GTFP 影响的回归结果

区域	系数	t 值
东部	0.058 1**	2.096 9
中部	0.047 6*	1.930 2
西部	0.023 0	1.105 8
东北	0.012 2	0.217 1
控制变量	控制	
地区效应	控制	
时间效应	控制	

注：*、**、***分别表示数据在 10%、5%、1%的显著性水平下显著。

7.4　稳健性检验

为了验证本章回归结果的有效性和可靠性，本书采用剔除直辖市和省会城市等中心城市，仅保留普通地级市的方法，进行稳健性检验。稳健性检验的回归结果与基本 DID 模型的回归系数正负号一致，并且通过了显著性水平检验，表明自愿型环境规制对 GTFP 的提升具有显著的促进作用这一结论是有效和稳健的（表 7-5）。

表 7-5　自愿型环境规制对 GTFP 影响的稳健性检验结果

变量	系数	t 值
VER	0.114 5**	2.037 8
FDI	−0.082 5	−1.335 5
IS	0.031 2	0.991 7

		（续）
变量	系数	t 值
TI	0.042 8**	1.992 7
Edu	0.017 9	1.283 3
$Info$	0.049 5*	1.890 3
地区效应	控制	
时间效应	控制	
样本量	1 778	

注：*、**、***分别表示数据在 10%、5%、1%的显著性水平下显著。

7.5 安慰剂检验

为了准确评估自愿型环境规制工具对 GTFP 的影响效应，本章采用控制合成法安慰剂检验对回归结果进行安慰剂检验。本章从控制组中随机选择 1 个城市作为"伪处理组"，剩下的城市仍然作为对照组，在结合合成控制法后，对比政策干预前后的处理效应。从安慰剂检验结果图 7-1 中可以看出，2008 年以后黑色线条所代表的真实处理组的政策效果依然显示出对 GTFP 的促进作用，与前文回归结论一致。综合稳健性检验结果和安慰剂检验结果，本章的研究结论具有较强的可靠性。

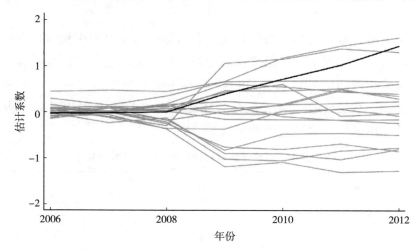

图 7-1　自愿型环境规制对 GTFP 影响的安慰剂检验结果

7.6 本章小结

本章运用双重差分模型，以我国 2008 年开展的环境信息公开试点为准自然实验，实证分析了自愿型环境规制对我国城市 GTFP 的影响，并分别运用稳健性检验和安慰剂检验对估计结果的可靠性和有效性进行了检验。本章的主要研究结论如下：

（1）自愿型环境规制对 GTFP 的提升具有正向影响。环境信息公开有助于 GTFP 的提升，环境信息公开可以降低污染物排放量。第 5章的线性回归模型结果表明命令控制型环境规制对 GTFP 的提升具有促进作用，而市场激励型环境规制对 GTFP 的提升具有抑制作用，结合本章的研究结论，可以发现异质型环境规制对 GTFP 的影响具有差异。

（2）自愿型环境规制对 GTFP 的影响具有时滞效应。从时间上看，环境信息公开对 GTFP 出现显著的正向影响是在政策执行的第三年。这可能是因为自愿型环境规制不具有强制性，所以无法在政策实施后立刻发挥作用，具有时滞效应。

（3）自愿型环境规制对 GTFP 的影响具有明显的区域差异。其中，环境信息公开对我国东部城市和中部城市的 GTFP 具有显著正向影响，而在西部城市和东北城市的影响不显著。不同区域的自愿型环境规制对 GTFP 的影响并不相同。

8 研究结论、政策建议及研究展望

党的十九届五中全会提出要完善生态文明领域统筹协调机制，构建生态文明体系，促进经济社会发展全面绿色转型。加快提升城市 GTFP，一方面可以加快我国经济增长模式转型；另一方面，可以协调资源环境约束，实现长期可持续发展。本章将对前文的研究结论进行总结梳理，并根据研究结论提出政策建议，最后对下一步研究方向和可以扩展的研究内容进行总结。

8.1 研究结论

本书基于绿色发展理念，将资源环境因素纳入传统的全要素生产率分析框架下，形成 GTFP 的概念。在资源环境约束视角下，系统研究了我国地级市和直辖市环境规制对 GTFP 的影响。本书首先系统梳理了有关环境规制和 GTFP 领域的文献，归纳总结了现有环境规制和 GTFP 关系的研究内容。其次，梳理了环境规制对 GTFP 影响的理论基础，建立了环境规制对 GTFP 影响的机制分析框架。再次，测算了我国城市 GTFP 水平和不同区域的 GTFP 水平。最后对环境规制和 GTFP 的非线性关系、环境规制对 GTFP 影响的空间溢出效应以及异质型环境规制对 GTFP 的影响进行了实证分析。通过分别从全国、分区域角度，和不同的环境规制工具角度的实证研究，本书得到了有关我国城市 GTFP 时空演进规律、GTFP 的区域差异、环境规制对 GTFP 影响的区域差异以及异质型环境规制对 GTFP 的影响等方面的结论。

8.1.1 GTFP 测度的研究结论

本书选择 2005—2019 年我国 288 个地级市和直辖市的面板数据，运用包含非期望产出的超效率 SBM - GML 指数模型，测算出 2006—2019 年我国和分区域的城市 GTFP 水平，并对 GTFP 变动的来源进行了分解。本书通过 GTFP 的测度研究，得出以下主要结论：

第一，我国整体 GTFP 呈现上升态势。2006—2019 年，GTFP 平均提高了 3.17%，我国城市 GTFP 的年均值呈现出波动增长的趋势。其中，仅 2006 年、2009 年和 2013 年的绿色全要素增长率水平小于 1，其余年份都大于 1。

第二，从我国 GTFP 的分解结果来看，绿色技术效率提升是我国城市 GTFP 增长的主要贡献来源，绿色技术进步对我国城市 GTFP 提升的促进作用较弱。分区域来看，东部是四个区域中唯一绿色技术进步指数呈现上升的区域，而中部、西部和东北地区的 GTFP 提升的主要来源是绿色技术效率。

第三，分区域来看，东部、中部、西部和东北地区的 GTFP 水平具有区域差异性。东部地区的城市 GTFP 最高，中部次之，然后是西部，最后是东北。其中，东部城市的 GTFP 的年均值呈现稳定增长的趋势，中部和西部区域的城市 GTFP 变动趋势相似，都呈现出周期性波动增长的趋势，而东北地区的 GTFP 年均值较低，长期处于全国平均值以下。从核密度曲线图中可以看出，我国整体的 GTFP 存在较为明显的地区差异，但是差异在减小。从我国城市的 GTFP 空间特征分布图可以看出，GTFP 的高值主要分布在东部沿海城市、省会城市、直辖市和经济特区，并且这些城市对周边城市的扩散和辐射影响在逐年加强。

8.1.2 环境规制影响实证分析的研究结论

本书首先通过构建线性回归模型和非线性回归模型，实证分析了对命令控制型和市场激励型环境规制对 GTFP 的影响。其次，采用空间杜宾模型，实证分析了命令控制型环境规制对 GTFP 影响的空间溢出效应。最后，采用双重差分模型，实证分析了自愿型环境规制对 GTFP

的影响。本书通过实证分析，主要得到以下结论：

第一，异质型环境规制工具与 GTFP 之间的关系不同。命令控制型环境规制政策在一定程度上促进了我国城市 GTFP 的提升，而在环境规制强度过高后，环境规制对 GTFP 的提升反而起到了抑制作用，环境规制与 GTFP 之间呈现倒 U 形的非线性关系。市场激励型规制工具对 GTFP 的影响呈现正 U 形非线性关系，随着环境规制强度的增强，GTFP 先下降后上升。

第二，环境规制对 GTFP 的影响存在明显的区域差异。命令控制型环境规制在东部地区和 GTFP 之间是倒 U 形非线性关系，在中部地区对 GTFP 有正向促进作用，在西部和东北和 GTFP 之间是正 U 形非线性关系。市场激励型环境规制在东部对 GTFP 产生正向促进作用，在中部地区和 GTFP 之间呈现正 U 形非线性关系，在西部和东北地区对 GTFP 有负向抑制作用。

第三，异质型环境规制工具对 GTFP 的空间溢出效应不同。命令控制型环境规制对 GTFP 具有负向的空间溢出效应，本地命令型环境规制强度的增加会对邻近城市的 GTFP 提升产生抑制作用。但是，市场激励型环境规制对 GTFP 具有正向的空间溢出效应，本地市场激励型环境规制强度的增加会对邻近城市的 GTFP 提升产生促进作用。

第四，环境规制对 GTFP 的空间溢出效应存在明显的区域差异。东部和中部的命令控制型环境规制对 GTFP 的影响都产生了正向空间溢出效应，和整体区域样本一致。但是西部和东北的命令控制型环境规制对 GTFP 的影响并没有显著的空间溢出效应。市场激励型环境规制对东部地区和中部地区的 GTFP 存在正向空间溢出作用，对东北地区的 GTFP 存在负向空间溢出作用，在西部地区的空间溢出效应并不显著。

第五，自愿型环境规制对 GTFP 的提升具有正向影响。环境信息公开有助于 GTFP 的提升，但是在政策实施的第三年开始才会对 GTFP 出现显著的正向影响，具有时滞性。

第六，自愿型环境规制对 GTFP 的影响具有明显的区域差异。其中，环境信息公开对我国东部地区和中部地区的 GTFP 具有显著正向影响，而在西部地区和东部地区的影响不显著。不同区域对于自愿型环境规制的反应并不相同。

8.2 政策建议

为了能够使环境规制工具有效提升 GTFP、促进城市绿色经济发展，结合本书的研究结论，提出以下政策建议：

首先，要合理搭配和选择环境规制工具的类型。从本书的研究结论来看，异质型环境规制的作用效果大相径庭。环境规制在整体上促进了资源环境保护与经济发展的双赢局面，主要通过"创新补偿效应"等正向效应影响着 GTFP 的提升，促进了我国城市经济的绿色增长。通过成本效应等负向效应抑制 GTFP 的提升。从我国目前情况来看，命令控制型环境规制对城市 GTFP 的提升效果最明显，市场激励型环境规制对城市 GTFP 的提升效果还处于负向影响阶段，自愿型环境规制对 GTFP 的提升为正，但是具有时滞型，其正向促进的发挥需要时间。在短期内，命令控制型环境规制对 GTFP 的正向作用效果最明显也最及时，但在长期，市场激励型环境规制和自愿型环境规制的正向影响更为突出。因此，我国在今后的环境规制工具的选择和搭配上，应该逐渐减少命令控制型环境规制的占比，逐步增加市场激励型环境规制和自愿型环境规制的占比。今后环境规制工具的选择和运用要更多地让企业、城市居民和媒体等自发进行，让市场和公众成为城市绿色建设和生态保护的主体，政府则更多地承担引导和辅助作用。

其次，对环境规制工具的选择要考虑区域异质性。从本书的研究结论来看，不同区域环境规制的实施效果显然不同。在东部地区三种类型的环境规制都表现出了对 GTFP 的显著促进作用，但目前的命令规制型环境规制可能已经转入了负向拐点，因此在东部地区要选择市场激励型和自愿型环境规制。在中部地区三种类型的环境规制都表现出了对 GTFP 的显著促进作用，但是市场激励型环境规制可能还没有进入正向拐点，因此在中部地区要加强对市场激励型环境规制的选择，促使其尽快进入正 U 形曲线的正向影响区域。但是，对于西部和东北地区的城市，由于长期以来的经济增长主要依靠高污染、高耗能产业，所以绿色技术创新水平落后于东部和中部。再加上西部和东北地区的公众环保意识不足，自愿型环境规制对 GTFP 的提升并没有显著影响。虽然西部地区和东北地区的环境规制对 GTFP 的促进作用都表现得不够理想，但是因为命令控制型环境规制表现出了先抑制后促进的影响效果，可以适当增加命令控制型环境规制的运用，命令控制型环境规制可以倒逼西部和东北城市的产业进行优化升级，促进生产者进行清洁能源的使用研发、清洁产品的开发生产和清洁技术的使用研发。因此，对于东部城市，要优先选择市场激励型环境规制和自愿型环境规制，对于中部城市，三种环境规制可以搭配使用，对于西部和东北城市建议选择命令控制型环境规制。

最后，要建立环境规制的区域协调机制。从本书的研究结论来看，环境规制对 GTFP 的影响会产生空间溢出效应，相邻城市间的环境规制政策会互相影响。为避免恶性的地方政府环境绩效竞争以及避免污染物流出带来的"污染避难所效应"，要设立跨区域的环境规制协调机构，促进不同区域间在制定环境规制政策时的交流，实现在不同区域对环境规制的有效管理，加强环境规制对周边地区带来的正向空间作用。

8.3 研究展望

本书对环境规制对 GTFP 的影响进行了理论机制分析和实证分析，探讨了异质型环境规制工具对 GTFP 的影响以及环境规制工具对 GTFP 影响的区域差异。受个人水平限制，本书还存在以下不足，还需要在未来进一步深入研究：

首先，本书缺乏对 GTFP 影响因素的动态分析。动态分析既有助于识别环境规制的时滞型，还可以研究上一期的 GTFP 的变动对本期 GTFP 变动的影响。在今后的研究中，笔者将采用动态面板数据模型来研究环境规制对 GTFP 影响的动态变化。

其次，本书缺乏对包含了命令控制型、市场激励型和自愿型环境规制的全类型环境规制指数的测度。由于现在更多的地区会同时实施不同类型的环境规制政策，单一类型的环境规制代理变量可能无法准确度量环境规制强度。在今后的研究中，笔者将构建环境规制指标体系，更加合理地度量环境规制强度。

最后，本书缺乏对微观企业和细分产业的研究。本书仅从城市角度和区域角度对异质型环境规制对 GTFP 的宏观影响进行了实证分析，缺乏对微观企业和中观产业的研究。在进一步的研究中，可以分别从细分企业和产业等微观和中观角度对环境规制与 GTFP 的关系进行研究，以更好地验证异质型环境规制对 GTFP 的影响效果，更有针对性地对具体生产主体提出政策建议。

参 考 文 献
REFERENCES

[1] Carson R. Silent Spring [M]. Boston：Houghton Mifflin，1962.

[2] Angel D P，Attoh S，Kromm D，et al. The drivers of greenhouse gas emissions：What do we learn from local case studies? [J]. Local Environment，1998，3（3）：263-277.

[3] Chisholm G. Handbook of Commercial Geography [M]. London：Longman，Green，and CO，1889.

[4] Weber A. Alfred Weber's Theory of the Location of Industries [M]. Chicago：University of Chicago Press，1929.

[5] Clark G L，Gertler M S，Feldman M P. The Oxford Handbook of Economic Geography [M]. London：Oxford University Press，2001.

[6] 植草益. 微观规制经济学 [M]. 朱绍文，译. 北京：中国发展出版社，1992.

[7] Ayres I，Braithwaite J. Responsive Regulation：Transcending the Deregulation Debate [M]. New York：Oxford University Press，1992.

[8] Jiang D，Liang S，Chen D. Government Regulation，Enforcement，and Economic Consequences in a Transition Economy：Empirical Evidence from Chinese Listed Companies Implementing the Split Share Structure Reform [J]. China Journal of Accounting Research，2009，2（1）：71-99.

[9] Viscusi W K，Harrington J E. Sappingtion，D. E. Economics of Regulation and Antitrust，Fifth Edition [M]. Cambridge：The MIT Press，2018.

[10] 林鸿潮，张涛，李昱音. 公共安全领域告知承诺制的实施困境及其调适 [J]. 中国行政管理，2021（3）：131-136.

[11] Grajzl P，Murrell P. Allocating Lawmaking Powers：Self-regulation vs Government Regulation [J]. Journal of Comparative Economics，2007，35（3）：520-545.

[12] 杨志强，何立胜. 自我规制理论研究评介 [J]. 外国经济与管理，2007（8）：16-23.

[13] 郑祝君. 现代美国宪政理论的发展——从纯粹自由主义向制度主义的转变 [J]. 法商研究，2006（5）：138-143.

[14] Atkinson R C. Environmental regulation [J]. Science, 1980, 209 (4460): 969 - 969.

[15] Portney P R. Themacroeconomic impacts of federal environmental regulation [J]. Natural resources journal, 1981, 21 (3): 459 - 488.

[16] Perkin H M, Portney P R, Allen V K. Environmental Regulation and the U. S. Economy [M]. Baltimore: The Johns Hopkins University, 1981.

[17] Tolley G S, Fabian R G. Environmental Policy Viewed Macroeconomically. (Book Reviews: Environmental Regulation and the U. S. Economy) [J]. Science, 1982, 216 (4551): 1215 - 1216.

[18] Sorrell S, Skea J. Pollution for Sale: Emissions Trading and Joint Implementation [M]. Cheltenham: Edward Elgar, 1999.

[19] Blanco E, Rey - Maquieira J, Lozano J. The Economic Impacts of Voluntary Environmental Performance of Firms: A Critical Review [J]. Journal of Economic Surveys, 2009, 23: 462 - 502.

[20] 王惠娜. 自愿性环境政策工具与管制压力的关系——来自经济模型的验证 [J]. 经济社会体制比较, 2013 (5): 100 - 108.

[21] Lim S, Prakash A. Voluntary Regulations and Innovation: The Case of ISO 14001 [J]. Public Administration Review, 2014, 74: 233 - 244.

[22] Jiang Z, Wang Z, Zeng Y. Can voluntary environmental regulation promote corporate technological innovation? [J]. Business Strategy and the Environment, 2020, 29: 390 - 406.

[23] Rugman A M, Verbeke A. Corporate strategies and environmental regulations: an organizing framework [J]. Strategic Management Journal, 1998, 19 (4): 363 - 375.

[24] Johnstone N, Hascic I, Kalamova M. Environmental policy characteristics and technological innovation [J]. Economia Politica, 2010, 27 (2): 277 - 301.

[25] 潘家华. 持续发展途径的经济学分析 [M]. 北京: 中国人民大学出版社, 1991.

[26] 傅京燕, 李丽莎. 环境规制、要素禀赋与产业国际竞争力的实证研究——基于中国制造业的面板数据 [J]. 管理世界, 2010, 10: 87 - 98, 187.

[27] 赵玉民, 朱方明, 贺立龙. 环境规制的界定、分类与演进研究 [J]. 中国人口·资源与环境, 2009, 19 (6): 85 - 90.

[28] Xie R H, Yuan Y J, Huang J J. Different Types of Environmental Regulations and Heterogeneous Influence on "Green" Productivity: Evidence from China [J]. Ecological Economics, 2017, 132: 104 - 112.

[29] 陈素梅, 李钢. 环境管制对产业升级影响研究进展 [J]. 当代经济管理, 2020, 42 (4): 49 - 56.

[30] 严月卉, 宋良荣. 政府环境补贴对环境治理绩效的影响研究综述 [J]. 农场经济

管理，2020（6）：44-48.

[31] 郑少华，王慧 . 中国环境法治四十年：法律文本、法律实施与未来走向 [J]. 法学，2018（11）：17-29.

[32] 吕忠梅，吴一冉 . 中国环境法治七十年：从历史走向未来 [J]. 中国法律评论，2019（5）：102-123.

[33] 吕忠梅 . 论环境法的沟通与协调机制——以现代环境治理体系为视角 [J]. 法学论坛。2020，35（1）：5-12.

[34] 贺蓉 .《环境保护法》与《海洋环境保护法》陆海统筹的方案及建议研究 [J]. 海洋环境科学，2021，40（5）：776-781.

[35] 鄢德奎 . 中国环境法的形成及其体系化建构 [J]. 重庆大学学报（社会科学版），2020，26（6）：153-164.

[36] 汪劲 . 对我国环境法基本制度由来的回顾与反思 [J]. 郑州大学学报（哲学社会科学版），2017，50（5）：25-28，158.

[37] 张虹 . 论欧盟环境立法政策的发展演变 [J]. 环境资源法论丛，2006（6）：146-157.

[38] 苏昌强，阮妙鸿 . 西方各国环境保护法的发展历程及趋势 [J]. 沈阳工业大学学报（社会科学版），2009，2（3）：259-263.

[39] Stavins R N. Experience with Market-Based Environmental Policy Instruments in Handbook of Environmental Economics [M]. Stockholm：Elsevier，2003.

[40] 刘海英，丁莹 . 环境补贴能实现经济发展与治污减排的双赢吗？——基于隐性经济的视角 [J]. 西安交通大学学报（社会科学版），2019，39（5）：83-91.

[41] 于连超，张卫国，毕茜 . 环境保护费改税促进了重污染企业绿色转型吗？——来自《环境保护税法》实施的准自然实验证据 [J]. 中国人口•资源与环境，2021，31（5）：109-118.

[42] 于佳曦，赵治成 . 基于征管视角的环境保护税制度完善建议 [J]. 税务研究，2021（11）：57-62.

[43] 倪受彬 . 碳排放权权利属性论——兼谈中国碳市场交易规则的完善 [J]. 政治与法律，2022（2）：2-14.

[44] 刘金科，肖翊阳 . 中国环境保护税与绿色创新：杠杆效应还是挤出效应？ [J]. 经济研究，2022，57（1）：72-88.

[45] Kirat D，Ahamada I. The impact of the European Union Emission Trading Scheme on electricity generation sectors [J]. Energy Economics，2 011，33（5）：995-1003.

[46] Chen D，Zhou K，Tan X，et al. Desulfurization Electricity Price and Emission Trading：Comparative analysis of thermal power industry in China and the United States [J]. Energy Procedia，2019，158：3513-3518.

［47］Prakash A，Potoski M. Voluntary environmental programs：A comparative perspective ［J］. Journal of Policy Analysis and Management，2011，31（1）：123 - 138.

［48］OECD. Reforming Environmental Regulation in OECD countries ［M］. Paris：Organization for Economic Cooperation and Development，1997.

［49］潘翻番，徐建华，薛澜. 自愿型环境规制：研究进展及未来展望 ［J］. 中国人口·资源与环境，2020，30（1）：74 - 82.

［50］步晓宁，赵丽华. 自愿性环境规制与企业污染排放——基于政府节能采购政策的实证检验 ［J］. 财经研究，2022，48（4）：49 - 63.

［51］Cohen M A，Santhakumar V. Information Disclosure as Environmental Regulation：A Theoretical Analysis ［J］. Environmental and Resource Economics，2007，37：599 - 620.

［52］王勇. 自愿性环境协议在我国应用之必要性证成——一种政府规制的视角 ［J］. 生态经济，2016，32（9）：145 - 151.

［53］Sandel M J. It's Immoral to Buy the Right to Pollute ［N］. New York Times，1997 - 12 - 17.

［54］Bu M，Qiao Z，Liu B. Voluntary environmental regulation and firm innovation in China ［J］. Economic Modelling，2020，89：10 - 18.

［55］Langpap C. Voluntary agreements and private enforcement of environmental regulation ［J］. Journal of Regulatory Economics，2015，47：99 - 116.

［56］徐志. 荷兰的环境税及其借鉴 ［J］. 涉外税务，1999，12：36 - 38.

［57］廖晓靖. OECD 国家的环境税及其与我国之比较 ［J］. 外国经济与管理，1999，10：42 - 46.

［58］谭立. 论建立和完善我国环境税 ［J］. 中国人口·资源与环境，1999（1）：52 - 56.

［59］王惠. 环境税立法刍议 ［J］. 法学家，2002（3）：64 - 69.

［60］王伯安，吴海燕. 建立我国环境税制体系的研究 ［J］. 税务研究，2001（7）：26 - 30.

［61］雷新华. 关于开征环境税的理论思考 ［J］. 经济问题探索，2002（8）：107 - 109.

［62］侯作前. 经济全球化、WTO 规则与中国环境税之构建 ［J］. 政法论丛，2003（2）：13 - 16.

［63］刘安民. 环境税——"绿色"税收制度的发展方向 ［J］. 科技进步与对策，2003，20（16）：71 - 72.

［64］孙黎明，赵旭. 关于我国课征环境税的建议 ［J］. 科技进步与对策，2003，20（15）：72 - 73.

［65］生延超. 环保创新补贴和环境税约束下的企业自主创新行为 ［J］. 科技进步与对

策，2013，30（15）：111-116.

[66] 张海星. 开征环境税的经济分析与制度选择 [J]. 税务研究，2014（6）：34-40.

[67] 梁伟，朱孔来，姜巍. 环境税的区域节能减排效果及经济影响分析 [J]. 财经研究，2014，40（1）：40-49.

[68] 毕茜，于连超. 环境税的企业绿色投资效应研究——基于面板分位数回归的实证研究 [J]. 中国人口·资源与环境，2016，26（3）：76-82.

[69] 李虹，熊振兴. 生态占用、绿色发展与环境税改革 [J]. 经济研究，2017，52（7）：124-138.

[70] 李艳芳. 对我国环境法"协调发展"原则重心的思考 [J]. 中州学刊，2002（2）：182-184.

[71] 谭江华，侯均生. 环境问题的社会建构与法学表达——价值、利益博弈图景中的环境退化应对及环境法 [J]. 社会科学研究，2004（1）：83-88.

[72] 陈海嵩. 绿色的环境法与绿色的方法论——评《可持续发展与环境法学方法论》[J]. 浙江社会科学，2007（5）：218-219.

[73] 王灿发. 环境法的辉煌、挑战及前瞻 [J]. 政法论坛，2010，28（3）：106-115.

[74] 张平，陈亮. 我国环境侵害概念的功能主义审视 [J]. 甘肃社会科学，2011（4）：84-87.

[75] 傅京燕，李丽莎. 环境规制、要素禀赋与产业国际竞争力的实证研究——基于中国制造业的面板数据 [J]. 管理世界，2010（10）：87-98，187.

[76] 董敏杰，梁泳梅，李钢. 环境规制对中国出口竞争力的影响——基于投入产出表的分析 [J]. 中国工业经济，2011（3）：57-67.

[77] 徐敏燕，左和平. 集聚效应下环境规制与产业竞争力关系研究——基于"波特假说"的再检验 [J]. 中国工业经济，2013（3）：72-84.

[78] 朱平芳，张征宇，姜国麟. FDI与环境规制：基于地方分权视角的实证研究 [J]. 经济研究，2011，46（6）：133-145.

[79] 江珂，卢现祥. 环境规制相对力度变化对FDI的影响分析 [J]. 中国人口·资源与环境，2011，21（12）：46-51.

[80] 张中元，赵国庆. FDI、环境规制与技术进步——基于中国省级数据的实证分析 [J]. 数量经济技术经济研究，2012，29（4）：19-32.

[81] 谭娟，陈晓春. 基于产业结构视角的政府环境规制对低碳经济影响分析 [J]. 经济学家，2011（10）：91-97.

[82] 雷明，虞晓雯. 地方财政支出、环境规制与我国低碳经济转型 [J]. 经济科学，2013（5）：47-61.

[83] 徐盈之，杨英超，郭进. 环境规制对碳减排的作用路径及效应——基于中国省级数据的实证分析 [J]. 科学学与科学技术管理，2015，36（10）：135-146.

[84] 刘海云，龚梦琪．环境规制与外商直接投资对碳排放的影响［J］．城市问题，2017（7）：67-73.

[85] 李华，马进．环境规制对碳排放影响的实证研究——基于扩展 STIRPAT 模型［J］．工业技术经济，2018，37（10）：143-149.

[86] 邝嫦娥，邹伟勇．环境规制与能源消费碳排放——理论分析及空间实证［J］．湘潭大学学报（哲学社会科学版），2018，42（5）：81-86.

[87] 王馨康，任胜钢，李晓磊．不同类型环境政策对我国区域碳排放的差异化影响研究［J］．大连理工大学学报（社会科学版），2018，39（2）：55-64.

[88] 姬晓辉，汪健莹．基于面板门槛模型的环境规制对区域生态效率溢出效应研究［J］．科技管理研究，2016，36（3）：246-251.

[89] 任胜钢，蒋婷婷，李晓磊，等．中国环境规制类型对区域生态效率影响的差异化机制研究［J］．经济管理，2016，38（1）：157-165.

[90] 袁宝龙，张坤．制度"解锁"能够释放制造业绿色发展的活力吗？——基于2003—2014 年 28 个行业面板数据的证据［J］．华东经济管理，2017，31（9）：104-111.

[91] 雷玉桃，游立素．区域差异视角下环境规制对产业生态化效率的影响［J］．产经评论，2018，9（6）：140-150.

[92] 高苇，成金华，张均．异质性环境规制对矿业绿色发展的影响［J］．中国人口·资源与环境，2018，28（11）：150-161.

[93] 张峰，薛惠锋，史志伟．资源禀赋、环境规制会促进制造业绿色发展？［J］．科学决策，2018（5）：60-78.

[94] 李毅，胡宗义，何冰洋．环境规制影响绿色经济发展的机制与效应分析［J］．中国软科学，2020（9）：26-38.

[95] 周清香，何爱平．环境规制能否助推黄河流域高质量发展［J］．财经科学，2020（6）：89-104.

[96] 赵帅，何爱平，彭硕毅．黄河流域环境规制、区域污染转移与技术创新的空间效应［J］．经济经纬，2021，38（5）：12-21.

[97] 陈冲，刘达．环境规制与黄河流域高质量发展：影响机理及门槛效应［J］．统计与决策，2022，38（2）：72-77.

[98] 杨艳芳，程翔．环境规制工具对企业绿色创新的影响研究［J］．中国软科学，2021，S1：247-252.

[99] 卞晨，初钊鹏，孙正林，等．异质性环境规制政策合力与企业绿色技术创新的演化博弈分析［J］．工业技术经济，2022，41（5）：12-21.

[100] 肖振红，谭睿，史建帮，等．环境规制对区域绿色创新效率的影响研究——基于"碳排放权"试点的准自然实验［J］．工程管理科技前沿，2022，41（2）：

63 - 69.

[101] 贾瑞跃，赵定涛．工业污染控制绩效评价模型：基于环境规制视角的实证研究 [J]．系统工程，2012，30（6）：1 - 9.

[102] 朱东旦，罗雨森，路正南．环境规制、产业集聚与绿色创新效率 [J]．统计与决策，2021，37（20）：53 - 57.

[103] 刘晶，张尧．金融科技、强环境规制与区域工业绿色发展 [J]．财经理论与实践，2022，43（2）：123 - 131.

[104] 马珩，金尧娇．环境规制、工业集聚与长江经济带工业绿色发展：基于调节效应和门槛效应的分析 [J]．科技管理研究，2022，42（6）：201 - 210.

[105] 沈春苗，郑江淮．环境规制如何影响了制造企业的成本加成率 [J]．经济理论与经济管理，2022，42（4）：27 - 39.

[106] 石华平，易敏利．环境规制与技术创新双赢的帕累托最优区域研究——基于中国 35 个工业行业面板数据的经验分析 [J]．软科学，2019，33（9）：40 - 45，59.

[107] 胡美娟，李在军，宋伟轩．中国城市环境规制对 PM2.5 污染的影响效应 [J]．长江流域资源与环境，2021，30（9）：2166 - 2177.

[108] 李佳，高湘茗，汤毅．低碳视角下环境规制对出口的影响研究 [J]．宏观经济研究，2021（10）：153 - 166.

[109] 王分棉，贺佳．地方政府环境治理压力会"挤出"企业绿色创新吗？[J]．中国人口·资源与环境，2022，32（2）：140 - 150.

[110] 孙文远，周寒．环境规制对就业结构的影响——基于空间计量模型的实证分析 [J]．人口与经济，2020（3）：106 - 122.

[111] 郑飞鸿，李静．科技型环境规制对资源型城市产业绿色创新的影响——来自长江经济带的例证 [J]．城市问题，2022（2）：35 - 45，75.

[112] Berman E，Bui L T M. Environmental Regulation and Productivity：Evidence from Oil Refineries [J]．Review of Economics & Statistics，2001，83（3）：498 -510.

[113] Greenstone M，List J A，Syverson C. The Effects of Environmental Regulation on Technology Diffusion：The Case of Chlorine Manufacturing [J]．SSRN Electronic Journal，2003，93（2）：431 - 435.

[114] Xiao O，Shao Q，Zhu X，et al. Environmental regulation，economic growth and air pollution：Panel threshold analysis for OECD countries [J]．Science of The Total Environment，2019，657：234 - 241.

[115] Kabir K，Uddin M. Prospects of Renewable Energy at Rural Areas in Bangladesh：Policy Analysis [J]．Journal of Environmental Science & Natural Resources，2015，8（1）：105 - 113.

［116］ Behrer P A，Mauter M S. Allocating Damage Compensation in a Federalist System：Lessons from Spatially Resolved Air Emissions in the Marcellus ［J］. Environmental Science & Technology，2017，51（7）：3600 – 3608.

［117］ Doole G J，Dan M，Ramilan T. Evaluation of agri – environmental policies for reducing nitrate pollution from New Zealand dairy farms accounting for firm heterogeneity ［J］. Land Use Policy，2013，30（1）：57 – 66.

［118］ Stevens K A. Natural Gas Combined Cycle Utilization：An Empirical Analysis of the Impact of Environmental Policies and Prices ［J］. The Energy Journal，2018，39（5）：205 – 229.

［119］ Zhang Z，Chen H. Dynamic interaction of renewable energy technological innovation，environmental regulation intensity and carbon pressure：Evidence from China ［J］. Renewable Energy. Elsevier，2022，192（C）：420 – 430.

［120］ Wu Q，Li Y，Wu Y，et al. The spatial spillover effect of environmental regulation on the total factor productivity of pharmaceutical manufacturing industry in China ［J］. Scientific Reports，2022，12：11642.

［121］ Dong Z，Wang S，Zhang W，et al. The dynamic effect of environmental regulation on firms' energy consumption behavior – Evidence from China's industrial firms ［J］. Renewable and Sustainable Energy Reviews，2022，156：111966.

［122］ Ding R，Shi F，Hao S. Digital Inclusive Finance，Environmental Regulation，and Regional Economic Growth：An Empirical Study Based on Spatial Spillover Effect and Panel Threshold Effect ［J］. Sustainability，2022，14：4340.

［123］ Li X，Du K，Ouyang X，et al. Does more stringent environmental regulation induce firms' innovation? Evidence from the 11th Five – year plan in China ［J］. Energy Economics，2022，112：106110.

［124］ Li Z，Lin B. Analyzing the impact of environmental regulation on labor demand：A quasi – experiment from Clean Air Action in China ［J］. Environmental Impact Assessment Review，2022，93：106721.

［125］ Zhao X，Mahendru M，Ma X，et al. Impacts of environmental regulations on green economic growth in China：New guidelines regarding renewable energy and energy efficiency ［J］. Renewable Energy，2022，187：728 – 742.

［126］ 保罗·萨缪尔森，威廉·诺德豪斯. 萨缪尔森谈效率、公平与混合经济 ［M］. 北京：商务印书馆，2012.

［127］ Solow R M. Technical change and the aggregate production function ［J］. The Review of Economics and Statistics，1957，39（3）：312 – 320.

［128］ 谭林，魏玮. 中国工业 GTFP 问题研究 ［M］. 北京：经济科学出版社，2020.

[129] 杨文举. 提升 GTFP 的供给侧结构性改革研究 [M]. 北京：经济科学出版社，2022.

[130] 谭政. GTFP 实证研究——基于中国省际数据的分析 [M]. 成都：西南财经大学出版社，2016.

[131] Hailu A, Veeman T S. Output scale, technical change, and productivity in the Canadian pulp and paper industry [J]. Canadian Journal of Forest Research, 2000a, 30 (7)：1041-1050.

[132] Pittman R W. Multilateral Productivity Comparisons with Undesirable Outputs [J]. Economic Journal, 1983, 93 (372)：883-891.

[133] Hailu A, Veeman T S. Environmentally Sensitive Productivity Analysis of the Canadian Pulp and Paper Industry, 1959-1994：An Input Distance Function Approach [J]. Journal of Environmental Economics & Management, 2000b, 40 (3)：251-274.

[134] Fare R, Grosskopf S, Lovell C A K, et al. Derivation of Shadow Prices for Undesirable Outputs：A Distance Function Approach [J]. The Review of Economics and Statistics, 1993, 75 (2)：374-380.

[135] Coelli T, Perelman S. Technical Efficiency of European Railways：A Distance Function Approach [J]. Applied Economics, 2000, 32 (15)：1967-1976.

[136] Fare R, Grosskopf S, Weber W L. Shadow prices and pollution costs in U. S. agriculture [J]. Ecological Economics, 2006, 56 (1)：89-103.

[137] Newman C, Matthews A. The productivity performance of Irish dairy farms 1984-2000：a multiple output distance function approach [J]. Journal of Productivity Analysis, 2006, 26 (2)：191-205.

[138] Zhu Y, Zhang Y, Piao H. Does Agricultural Mechanization Improve the Green Total Factor Productivity of China's Planting Industry? [J]. Energies, 2022, 15 (3)：1-20.

[139] Wang Y, Xie L, Zhang Y, et al. Does FDI Promote or Inhibit the High-Quality Development of Agriculture in China? An Agricultural GTFP Perspective [J]. Sustainability, 2019, 11 (17)：4620.

[140] Li X, Shi P, Han Y, et al. Measurement and Spatial Variation of Green Total Factor Productivity of the Tourism Industry in China [J]. International Journal of Environmental Research and Public Health, 2020, 17 (4)：1159.

[141] Li J, Li J, Sun Z, et al. Measurement of green total factor productivity on Chinese laying hens：From theperspective of regional differences [J]. PLoS ONE, 2021, 16 (8)：e0255739.

[142] Xue Y. Evaluation analysis on industrial green total factor productivity and energy transition policy in resource－based region：[J]. Energy & Environment，2022，33（3）：419－434.

[143] 童昀，刘海猛，马勇，等. 中国旅游经济对城市绿色发展的影响及空间溢出效应 [J]. 地理学报，2021，76（10）：2504－2521.

[144] 余奕杉，卫平. 中国城市 GTFP 测度研究 [J]. 生态经济，2021，37（3）：43－52.

[145] 李凯风，李子豪. 黄河流域 GTFP 测度 [J]. 统计与决策，2022，38（4）：98－101.

[146] 王丹，刘春明，周杨. 中国生猪养殖 GTFP 的时空分异——兼论环境规制的影响 [J]. 家畜生态学报，2022，43（1）：74－80.

[147] Zafar M W，Zaidi S A H，Khan N R，et al. The impact of natural resources，human capital，and foreign direct investment on the ecological footprint：The case of the United States [J]. Resource Policy，2019，63：101428.

[148] Sadik－Zada E R，Ferrari M. Environmental Policy Stringency，Technical Progress and Pollution Haven Hypothesis [J]. Sustainability，2020，12（9）：3880.

[149] 崔兴华，林明裕. FDI 如何影响企业的 GTFP？——基于 Malmquist－Luenberger 指数和 PSM－DID 的实证分析 [J]. 经济管理，2019，41（3）：38－55.

[150] 赵明亮，刘芳毅，王欢，等. FDI、环境规制与黄河流域城市 GTFP [J]. 经济地理，2020，40（4）：38－47.

[151] 岳立，曹雨暄，任婉瑜. 外商直接投资、异质型创新与绿色发展效率 [J]. 国际经贸探索，2022，38（3）：68－81.

[152] Duan Y，Jiang X. Haven or pollution halo？A Re－evaluation on the role of multinational enterprises in global CO2 emissions [J]. Energy Economics，2021，4：105181.

[153] Polloni－Silva E，Moralles H F. Environmentally Friendly Investments and Where to Find Them：Investigating How the Quality and Origins of Manufacturing FDI Influence the CO_2 Emissions Intensity in Brazil [J]. Social Science Electronic Publishing，2021，6：1－32.

[154] 李小胜，余芝雅，安庆贤. 中国省际环境全要素生产率及其影响因素分析 [J]. 中国人口·资源与环境，2014，24（10）：17－23.

[155] 陈超凡. 中国工业 GTFP 及其影响因素——基于 ML 生产率指数及动态面板模型的实证研究 [J]. 统计研究，2016，33（3）：53－62.

[156] 袁宝龙，张坤. 制度"解锁"能够释放制造业绿色发展的活力吗？——基于 2003—2014 年 28 个行业面板数据的证据 [J]. 华东经济管理，2017，31（9）：104－111.

[157] 邵帅，范美婷，杨莉莉. 经济结构调整、绿色技术进步与中国低碳转型发展——基于总体技术前沿和空间溢出效应视角的经验考察 [J]. 管理世界，2022，38（2）：46-69，4-10.

[158] Kale S，Rath B N. Doed Innovation Enhance Productivity in Case of Selected Indian Manufacturing Firm? [J]. The Singapore Economic Review，2019，64（5）：1225-1250.

[159] Abbas J，Sagsan M. Impact of knowledge management practices on green innovation and corporate sustainable development：A structural analysis [J]. Journal of Cleaner Production，2019，229：611-620.

[160] 祁毓，赵韦翔. 财政支出结构与绿色高质量发展——来自中国地级市的证据 [J]. 环境经济研究，2020，5（4）：93-115.

[161] 杜俊涛，陈雨，宋马林. 财政分权、环境规制与 GTFP [J]. 科学决策，2017（9）：65-92.

[162] 刘伟，张娟. 财政分权、产业结构调整与 GTFP——基于环境污染门槛效应的视角 [J]. 河北大学学报（哲学社会科学版），2022，47（3）：68-80.

[163] 张建伟. 财政分权对 GTFP 的影响 [J]. 统计与决策，2019，35（17）：170-172.

[164] 朱金鹤，王雅莉. 中国省域 GTFP 的测算及影响因素分析——基于动态 GMM 方法的实证检验 [J]. 新疆大学学报（哲学·人文社会科学版），2019，47（2）：1-15.

[165] 赵军，李艳姗，朱为利. 数字金融、绿色创新与城市高质量发展 [J]. 南方金融，2021，10：22-36.

[166] 李双燕，谈笑，斯宏浩. 普惠金融与 GTFP——基于 R&D 投入视角 [J]. 当代经济科学，2021，43（6）：77-88.

[167] 孙学涛，田杨. 数字金融对县域 GTFP 的影响 [J]. 山东社会科学，2022（4）：156-163.

[168] Chen Y，Yang S，Li Q. How does the development of digital financial inclusion affect the total factor productivity of listed companies? Evidence from China [J]. Finance Research Letters，2022，47：102956.

[169] 任阳军，汪传旭，李伯棠，等. 产业集聚对中国 GTFP 的影响 [J]. 系统工程，2019，37（5）：31-40.

[170] 薛飞，周民良. 环境同治下京津冀地区 GTFP 时空演化及影响因素分析 [J]. 北京工业大学学报（社会科学版），2021，21（6）：69-83.

[171] Guo Y，Tong L，Mei L. The effect of industrial agglomeration on green development efficiency in Northeast China since the revitalization [J]. Journal of Cleaner Production，2020，258：120584.

[172] 谭政，王学义. GTFP 省际空间学习效应实证 [J]. 中国人口·资源与环境，2016，26 (10)：17-24.

[173] 张桅，胡艳. 长三角地区创新型人力资本对 GTFP 的影响——基于空间杜宾模型的实证分析 [J]. 中国人口·资源与环境，2020，30 (9)：106-120.

[174] 张倩，林映贞. "互联网＋"背景下教育如何影响城市绿色发展效率？——基于264 个地级市数据的实证分析 [J]. 教育与经济，2021，37 (4)：3-10，28.

[175] Liu F，Lv N. The threshold effect test of human capital on the growth of agricultural green total factor productivity：Evidence from China [J]. International Journal of Electrical Engineering Education，2021.

[176] 任阳军，汪传旭，李伯棠，等. 产业集聚对中国 GTFP 的影响 [J]. 系统工程，2019，37 (5)：31-40.

[177] 黄庆华，时培豪，胡江峰. 产业集聚与经济高质量发展：长江经济带107 个地级市例证 [J]. 改革，2020 (1)：87-99.

[178] 朱凤慧，刘立峰. 中国制造业集聚对 GTFP 的非线性影响——基于威廉姆森假说与开放性假说的检验 [J]. 经济问题探索，2021 (4)：1-11.

[179] 张贺，许宁. 产业集聚专业化、多样化与 GTFP——基于生产性服务业集聚的外部性视角 [J]. 经济问题，2022 (5)：21-27.

[180] Chen W，Huang X，Liu Y，et al. The Impact of High-Tech Industry Agglomeration on Green Economy Efficiency—Evidence from the Yangtze River Economic Belt [J]. Sustainability，2019，11 (19)：5189.

[181] Yang H，Lin Y，Hu Y，et al. Influence Mechanism of Industrial Agglomeration and Technological Innovation on Land Granting on Green Total Factor Productivity [J]. Sustainability，2022，14：3331.

[182] 李莎. 产业结构优化升级对 GTFP 的影响研究 [J]. 价格理论与实践，2021 (4)：67-70，170.

[183] 李博，秦欢，孙威. 产业转型升级与 GTFP 提升的互动关系——基于中国 116 个地级资源型城市的实证研究 [J]. 自然资源学报，2022，37 (1)：186-199.

[184] 武宵旭，葛鹏飞. 城市化对 GTFP 影响的金融发展传导效应——以"一带一路"国家为例 [J]. 贵州财经大学学报，2019 (1)：13-24.

[185] 刘战伟. 新型城镇化提升了中国农业 GTFP 吗？——基于空间溢出效应及门槛特征 [J]. 科技管理研究，2021，41 (12)：201-208.

[186] Kumar A，Kober B. Urbanization，human capital，and cross-country productivity differences [J]. Economics Letters，2012，117 (1)：14-17.

[187] Hua X，Lv H，Jin X. Research on High-Quality Development Efficiency and Total Factor Productivity of Regional Economies in China [J]. Sustainability，

2021，13 (15)：8287.

[188] 黄永明，陈宏. 基础设施结构、空间溢出与 GTFP——中国的经验证据 [J]. 华东理工大学学报 (社会科学版)，2018，33 (3)：56 - 64.

[189] 徐海成，徐思，张蓓齐. 交通基础设施对 GTFP 的影响研究——基于门槛效应的视角 [J]. 生态经济，2020，36 (1)：69 - 73，85.

[190] Lam P L，Shiu A. Economic growth，telecommunications development and productivity growth of the telecommunications sector：Evidence around the world [J]. Telecommunications Policy，2010，34 (4)：185 - 199.

[191] Brian L，Spiller P T. The Institutional Foundations of Regulatory Commitment：A Comparative Analysis of Telecommunications Regulation [J]. Journal of Law Economics & Organization，1994，10 (2)：201 - 246.

[192] Dean T J，Brown R L. Pollution regulation as a barrier to new firm entry：Initial evidence and implications for future research [J]. Academy of Management Journal，1995，38 (1)：288 - 303.

[193] Helland E，Matsuno M. Pollution Abatement as a Barrier to Entry [J]. Journal of Regulatory Economics，2003，24 (2)：243 - 259.

[194] Gray W B，Shadbegian R J. The Environmental Performance of Polluting Plants：A Spatial Analysis. Journal of Regional Science，2007，47：63 - 84.

[195] Porter，M E，van der Linde C. Towards a New Conception of the Environment - Competitiveness Relationship. Journal of Economic Perspectives，1995，9 (4)：97 - 118.

[196] Lanjouw，J O，Mody，A. Innovation and the international diffusion of environmentally responsive technology [J]. Research Policy，1996，25 (4)：549 - 571.

[197] 陈玉龙，石慧. 环境规制如何影响工业经济发展质量？——基于中国 2004—2013 年省际面板数据的强波特假说检验 [J]. 公共行政评论，2017，10 (5)：4 - 25，215.

[198] 温湖炜，周凤秀. 环境规制与中国省域 GTFP——兼论对《环境保护税法》实施的启示 [J]. 干旱区资源与环境，2019，33 (2)：9 - 15.

[199] 孙振清，谷文姗，成晓斐. 碳交易对 GTFP 的影响机制研究 [J]. 华东经济管理，2022，36 (4)：89 - 96.

[200] 尹迎港，常向东. 中国碳排放权交易政策促进了地区 GTFP 的提升吗？[J]. 金融与经济，2022 (3)：60 - 70.

[201] Spang E S，Holguin A J，Loge F J. The estimated impact of California's urban water conservation mandate on electricity consumption and greenhouse gas emissions [J]. Environmental Research Letters，2018，13：014016.

[202] Peng X. Strategic interaction of environmental regulation and green productivity growth in China：Green innovation or pollution refuge? [J]. Science of The Total Environment，2020，732：139200.

[203] 李卫兵，刘方文，王滨. 环境规制有助于提升 GTFP 吗？——基于两控区政策的估计 [J]. 华中科技大学学报（社会科学版），2019，33（1）：72－82.

[204] 李卫兵，陈楠，王滨. 排污收费对绿色发展的影响 [J]. 城市问题，2019（7）：4－16.

[205] 孙冬营，吴星妍，顾嘉榕，等. 长三角城市群工业企业 GTFP 测算及其影响因素 [J]. 中国科技论坛，2021（12）：91－100.

[206] 夏凉，朱莲美，王晓栋. 环境规制、财政分权与 GTFP [J]. 统计与决策，2021，37（13）：131－135.

[207] 郭威，曾新欣. 绿色信贷提升工业 GTFP 了吗？——基于空间 Durbin 模型的实证研究 [J]. 经济问题，2021（8）：44－55.

[208] Palmer K，Oates W E，Portney P R. Tightening Environmental Standards：The Benefit－Cost or the No－Cost Paradigm? [J]. Journal of Economic Perspectives，1995，9（4）：119－132.

[209] Gray W B，Shadbegian R J. The Environmental Performance of Polluting Plants：A Spatial Analysis. Journal of Regional Science，2007，47：63－84.

[210] Russell C，Vaughan W. The Choice of Pollution Control Policy Instruments in Developing Countries：Arguments，Evidence and Suggestions [M]. International Yearbook of Environmental and Resource Economics. Cheltenham：Edward Elgar，2003.

[211] Allen B，Li Z，Liu A A. Efficacy of Command－and－Control and Market－Based Environmental Regulation in Developing Countries [J]. Annual Review of Resource Economics，2018，10：381－404.

[212] Tang K，Qiu Y，Zhou D. Does command－and－control regulation promote green innovation performance? Evidence from China's industrial enterprises [J]. Science of The Total Environment，2020，712：136362.

[213] 许长新，甘梦溪. 黄河流域经济型环境规制如何影响 GTFP？[J]. 河海大学学报（哲学社会科学版），2021，23（6）：62－69，111.

[214] 籍艳丽，辜子寅，薛洁. 环境规制对工业 GTFP 的波特效应 [J]. 统计与决策，2022，38（7）：82－86.

[215] 刘伟江，杜明泽，白玥. 环境规制对 GTFP 的影响——基于技术进步偏向视角的研究 [J]. 中国人口·资源与环境，2022，32（3）：95－107.

[216] 王丹，刘春明，周杨. 中国生猪养殖 GTFP 的时空分异——兼论环境规制的影

响［J］．家畜生态学报，2022，43（1）：74-80．

[217] Lanoie P，Patry M，Lajeunesse R. Environmental regulation and productivity：testing the porter hypothesis［J］．Journal of Productivity Analysis，2008，30（2）：121-128．

[218] Bai Y，Hua C，Jiao J，et al. Green efficiency and environmental subsidy：Evidence from thermal power firms in China［J］．Journal of Cleaner Production，2018，188：49-61．

[219] Li H，Zhu X，Chen J，et al. Environmental regulations，environmental governance efficiency and the green transformation of China's iron and steel enterprises［J］．Ecological Economics，2019，165：106397．

[220] Hou J，An Y，Song H，et al. The Impact of Haze Pollution on Regional Eco-Economic Treatment Efficiency in China：An Environmental Regulation Perspective［J］．International Journal of Environmental Research and Public Health，2019，16：4059．

[221] 全良，张敏，赵凤．中国工业 GTFP 及其影响因素研究——基于全局 SBM 方向性距离函数及 SYS-GMM 模型［J］．生态经济，2019，35（4）：39-46．

[222] 旷爱萍，岳禹钢，曹世俊．我国西部地区农业 GTFP 测度及影响因素分析［J］．福建农林大学学报（哲学社会科学版），2022，25（2）：44-53．

[223] 汪克亮，杨力，程云鹤．要素利用、节能减排与地区 GTFP 增长［J］．经济管理，2012，34（11）：30-43．

[224] 周五七．低碳约束下中国工业绿色 TFP 增长的地区差异——基于共同前沿生产函数的非参数分析［J］．经济管理，2014，36（3）：1-10．

[225] 刘亦文，李毅，胡宗义．湖南省 GTFP 的地区差异及影响因素研究［J］．湖南大学学报（社会科学版），2018，32（5）：65-70．

[226] 刘华军，李超．中国 GTFP 的地区差距及其结构分解［J］．上海经济研究，2018（6）：35-47．

[227] 葛鹏飞，黄秀路，韩先锋．创新驱动与"一带一路"GTFP 提升——基于新经济增长模型的异质性创新分析［J］．经济科学，2018（1）：37-51．

[228] 张瑞，王格宜，孙夏令．财政分权、产业结构与黄河流域高质量发展［J］．经济问题，2020（9）：1-11．

[229] 张纯记．生产性服务业集聚与 GTFP 增长——基于地区与行业差异的视角［J］．技术经济，2019，38（12）：113-119，125．

[230] 范洪敏，米晓清．智慧城市建设与城市绿色经济转型效应研究［J］．城市问题，2021，11：96-103．

[231] 惠宁，杨昕．数字经济驱动与中国制造业高质量发展［J］．陕西师范大学学报

（哲学社会科学版），2022，51（1）：133 - 147.

[232] 刘梦，胡汉辉. 碳排放量、碳源结构与中国经济的"充分-平衡"发展 [J]. 山西财经大学学报，2020，42（4）：1 - 15.

[233] 臧传琴，孙鹏. 低碳城市建设促进了地方绿色发展吗？——来自准自然实验的经验证据 [J]. 财贸研究，2021，32（10）：27 - 40.

[234] Rockström J，Barron J. Water productivity in rainfed systems：overview of challenges and analysis of opportunities in water scarcity prone savannahs [J]. Irrigation Science，2007，25（3）：299 - 311.

[235] Singh P，Ghoshal N. Variation in total biological productivity and soil microbial biomass in rainfed agroecosystems：Impact of application of herbicide and soil amendments [J]. Agriculture，Ecosystems & Environment，2010，137：241 - 250.

[236] Chase J，Leibold M. Spatial scale dictates the productivity - biodiversity relationship. Nature，2002，416：427 - 430.

[237] Gross K. Biodiversity and productivity entwined. Nature，2016，529：293 - 294.

[238] Willig M R. Biodiversity and Productivity [J]. Science，2011，333（6050）：1709 - 1710.

[239] Watson J V，Liang J，Tobin P C，et al. Large - scale forest inventories of the United States and China reveal positive effects of biodiversity on productivity [J]. Forest Ecosystems，2015，2（4）：282 - 287.

[240] O'Reilly C M，Alin S R，Plisnier P D，et al. Climate change decreases aquatic ecosystem productivity of Lake Tanganyika，Africa. [J]. Nature，2003，424（6950）：766 - 768.

[241] Murgai R，Ali M，Byerlee D. Productivity Growth and Sustainability in Post - Green Revolution Agriculture：The Case of the Indian and Pakistan Punjabs [J]. The World Bank Research Observer，2001，16（2）：199 - 218.

[242] Smale M，Singh J，Falco S D，et al. Wheat breeding，productivity and slow variety change：evidence from the Punjab of India after the Green Revolution [J]. Australian Journal of Agricultural and Resource Economics，2008，52（4）：419 - 432.

[243] Wang K L，Pang S Q，Ding L L，et al. Combining the biennial Malmquist - Luenberger index and panel quantile regression to analyze the green total factor productivity of the industrial sector in China [J]. Science of The Total Environment，2020，739（3）：140280.

[244] Chi Y，Xu Y，Wang X，et al. A Win - Win Scenario for Agricultural Green Development and Farmers' Agricultural Income：An Empirical Analysis Based on the EKC Hypothesis [J]. Sustainability，2021，13（15）：8278.

［245］ Zhang Y，Song Y，Zou H. Transformation of pollution control and green development：Evidence from China's chemical industry［J］. Journal of Environmental Management，2020，275：111246.

［246］ Mohsin M，Taghizadeh - Hesary F，Iqbal N，et al. The role of technological progress and renewable energy deployment in green economic growth［J］. Renewable Energy，2022，190：777 - 787.

［247］ Yao Y，Hu D，Yang C，et al. The impact and mechanism of fintech on green total factor productivity［J］. Green Finance，2021，3（2）：198 - 221.

［248］ Zhao S，Cao Y，Guo K，et al. How do heterogeneous R&D investments affect China's green productivity：Revisiting the Porter hypothesis［J］. Science of The Total Environment，2022，825：154090.

［249］ Lee C，Zeng M，Wang C. Environmental regulation，innovation capability，and green total factor productivity：New evidence from China［J］. Environmental Science and Pollution Research，2022，29（26）：39384 - 39399.

［250］ Guo L，Tan W，Xu Y. Impact of green credit on green economy efficiency in China［J］. Environmental Science and Pollution Research，2022，29：35124 - 35137.

［251］ 亚当·斯密. 国富论［M］. 郭大力，王亚南，译. 上海：上海三联书店，2009.

［252］ 约翰·穆勒. 政治经济学原理［M］. 赵荣潜，桑炳彦，朱泱，译. 北京：商务印书馆，1991.

［253］ Solow R M. A contribution to the theory of economic growth［J］. Quarterly Journal of Economics，1956，70（1）：65 - 94.

［254］ Swan T W. Economic growth and capital accumulation［J］. Economic Record，1956，32（63）：334 - 361.

［255］ 马晓琨. 经济学研究主题与研究方法的演化——从古典经济增长理论到新经济增长理论［J］. 西北大学学报（哲学社会科学版），2014，44（4）：51 - 57.

［256］ Arrow K. Economic welfare and the allocation of resources for invention. In R. R. Nelson（Ed. ），The Rate and Direction of Inventive Activity：Economic and Social Factors［M］. Princeton：Princeton University Press，1962.

［257］ Romer P M. Increasing returns and long - run growth［J］. Journal of Political Economy，1986，94：1002 - 1037.

［258］ Lucas R E. On The Mechanics of Economic Development［J］. Journal of Monetary Economics，1989，22（1）：3 - 42.

［259］ Romer P M. Endogenous Technical Change［J］. Journal of Political Economy，1990，98（5）：S71 - S102.

［260］李宝良，郭其友．技术创新、气候变化与经济增长理论的扩展及其应用——2018 年度诺贝尔经济学奖得主主要经济理论贡献述评［J］．外国经济与管理，2018，40（11）：144 - 154.

［261］文书洋，张琳，刘锡良．我们为什么需要绿色金融？——从全球经验事实到基于经济增长框架的理论解释［J］．金融研究，2021，12：20 - 37.

［262］Bovenberg A L，Smulders S. Environmental quality and pollution - augmenting technological change in a two - sector endogenous growth model ［J］．Journal of Public Economics，1995，57：369 - 391.

［263］Nordhaus，W D. The "DICE" Model：Background and Structure of a Dynamic Integrated Climate - Economy Model of the Economics of Global Warming ［M］．New Haven：Yale University，1992.

［264］曹玉书，尤卓雅．资源约束、能源替代与可持续发展——基于经济增长理论的国外研究综述［J］．浙江大学学报（人文社会科学版），2010，40（4）：5 - 13.

［265］智国明．环境经济手段设计的三个理论思路［J］．河南商业高等专科学校学报，2006（5）：12 - 14.

［266］曹静韬．从庇古税的有效性看我国环境保护的费改税［J］．税务研究，2016（4）：37 - 41.

［267］Coase R H. The Problemof Social Cost ［J］．Journal of Law and Economics，1960（3）：1 - 44.

［268］Coase R H. The Nature of Costs in Studies in Cost Analysis，David Solomons eds ［M］．Illinois：Richard D. Irwin Inc，1968.

［269］吴灏．产权制度与环境："科斯定理"的延伸［J］．生态经济，2016，32（5）：25 - 33，62.

［270］周令，孙英隽．基于科斯定理对我国碳金融市场研究［J］．中国林业经济，2016（3）：14 - 17，21.

［271］Kolstad C D. Environmental Economics，2nd Edition ［M］．New York：Oxford University Press，2011.

［272］李瑞前．环境规制、技术创新与绩效间关系研究——"波特假说"在中国工业行业的完整性检验［M］．哈尔滨：黑龙江大学出版社，2019.

［273］Wernerfelt B. A Resource View of the Firm ［J］．StrategicManagement Journal，1984，5（2）：171 - 180.

［274］Barney J B. Strategic Factor Markets：Expectations，Luck，and Business Strategy ［J］．Management Science，1986，32（10）：1231 - 1241.

［275］郭庆旺，贾俊雪．中国全要素生产率的估算：1979—2004 ［J］．经济研究，2005，6：51 - 60.

[276] 陈颖，李强．索洛余值法测算科技进步贡献率的局限与改进［J］．科学学研究，2006，S2：414 - 420.

[277] 刘洪，刘晓洁，李云．基于改进索洛余值法的湖北省科技进步贡献率测算［J］．统计与决策，2018，34（15）：107 - 110.

[278] 盛来运，李拓，毛盛勇，等．中国全要素生产率测算与经济增长前景预测［J］．统计与信息论坛，2018，33（12）：3 - 11.

[279] 刘云霞，赵昱焜，曾五一．关于中国全要素生产率测度的研究——基于一阶差分对数模型和有效资本存量的再测算［J］．统计研究，2021，38（12）：77 - 88.

[280] Lee K，Pesaran M H，Smith R. Growth and convergence in a multi - country empirical stochastic Solow model［J］．Journal of Applied Econometrics，1997，12：357 - 392.

[281] Miller S M，Upadhyay M P. Total factor productivity and the convergence hypothesis［J］．Journal of Macroeconomics，2002，24（2）：267 - 286.

[282] Blundell R，Bond S. Initial conditions and moment restrictions in dynamic panel data models［J］．Journal of Econometrics，1998，87（1）：115 - 143.

[283] 王璐，杨汝岱，吴比．中国农户农业生产全要素生产率研究［J］．管理世界，2020，36（12）：77 - 93.

[284] Higón D A，Antolín M M，Mañez J A. Multinationals，R&D，and productivity：evidence for UK manufacturing firms［J］．Industrial and Corporate Change，2011，20（2）：641 - 659.

[285] Wooldridge J M. On Estimating Firm - Level Production Functions Using Proxy Variables to Control for Unobservable［J］．Economics Letters，2009，104（3）：112 - 114.

[286] Rovigatti G，Mollisi V. Theory and practice of total - factor productivity estimation：The control function approach using Stata［J］．Stata Journal，2018，18（3）：618 - 662.

[287] Jorgenson D W，Griliches Z. The Explanation of Productivity Change［J］．Review of Economic Studies，1967，34（3）：249 - 283.

[288] 段文斌，尹向飞．中国全要素生产率研究评述［J］．南开经济研究，2009（2）：130 - 140.

[289] 秦艳红，王旭东．山东半岛城市群科技进步对经济增长的贡献率初探［J］．科技管理研究，2009，29（11）：189 - 191.

[290] 薛勇军．基于索洛余值核算方法的经济增长源泉分析——以云南省为例［J］．统计与决策，2012，17：100 - 102.

[291] 钟世川，毛艳华．中国全要素生产率的再测算与分解研究——基于多要素技术

进步偏向的视角 [J], 经济评论, 2017 (1): 3 - 14.

[292] Farrell M J. The Measurement of Productive Efficiency [J]. Journal of the Royal Statistical Society, 1957, 120 (3): 253 - 290.

[293] Aigner D, Lovell C, Schmidt P. Formulation and estimation of stochastic frontier production function models [J]. Journal of Econometrics, 1977, 6 (1): 21 - 37.

[294] Meeusen W, van den Broeck J. Efficiency Estimation from Cobb - Douglas Production Functions with Composed Error [J]. International Economic Review, 1977, 18 (2): 435 - 444.

[295] Meeusen W, van den Broeck J. Technical efficiency and dimension of the firm: Some results on the use of frontier production functions [J]. Empirical Economics, 1977, 2: 109 - 122.

[296] Christensen L R, Jorgenson D W, Lau L J. Conjugate Duality and the Transcendental Logarithmic Production Function [J]. Econometrica, 1971, 39 (4): 225 - 256.

[297] Christensen L R, Jorgenson D W, Lau L J. Transcendental Logarithmic Production Frontiers [J]. The Review of Economics and Statistics, 1973, 55 (1): 28 - 45.

[298] Battese G E, Coelli T J. Prediction of firm - level technical efficiencies with a generalized frontier production function and panel data [J]. Journal of Econometrics, 1988, 38 (3): 387 - 399.

[299] Battese G E, Coelli T J. Frontier production functions, technical efficiency and panel data: With application to paddy farmers in India [J]. Journal of Productivity Analysis, 1992, 3: 153 - 169.

[300] Battese G E, Coelli T J. A model for technical inefficiency effects in a stochastic frontier production function for panel data [J]. Empirical Economics, 1995, 20 (2): 325 - 332.

[301] Atkinson S E, Cornwell C, Honerkamp, O. Measuring and Decomposing Productivity Change [J]. Journal of Business & Economic Statistics, 2003, 21 (2): 284 - 294.

[302] O'Donnell C J. Econometric estimation of distance functions and associatedmeasures of productivity and efficiency change [J]. Journal of Productivity Analysis, 2014, 41: 187 - 200.

[303] Fan Q, Mu T, Jia W. Analysis on the Trend and Factors of Total Factor Productivity of Agricultural Export Enterprises in China [J]. Sustainability, 2021, 13 (12): 6855.

[304] Gupta S, Badal P S. Total factor productivity growth of sugarcane in Uttar

Pradesh：Parametric and non – parametric analysis ［J］．Journal of Pharmacognosy and Phytochemistry，2021，10（1）：134 – 137.

［305］张丽峰．碳排放约束下中国全要素生产率测算与分解研究——基于随机前沿分析（SFA）方法［J］．干旱区资源与环境，2013，27（12）：20 - 24.

［306］王良健，李辉．中国耕地利用效率及其影响因素的区域差异——基于281个市的面板数据与随机前沿生产函数方法［J］．地理研究，2014，33（11）：1995 - 2004.

［307］杨悦．中国战略性新兴产业生产绩效——基于细分行业的随机前沿生产函数的分析［J］．技术经济与管理研究，2014（3）：97 - 104.

［308］丁利春，周佳琦，李瑞．山西能源偏向型技术进步的实证分析——基于二重嵌套的CES生产函数［J］．经济问题，2022（5）：111 - 118.

［309］杨莉莉，邵帅，曹建华，等．长三角城市群工业全要素能源效率变动分解及影响因素——基于随机前沿生产函数的经验研究［J］．上海财经大学学报，2014，16（3）：95 - 102.

［310］蒲勇健，余显兰，张勇．中国再生资源产业的技术效率及影响因素研究——基于随机前沿超越对数生产函数的分析［J］．工业技术经济，2014，33（12）：3 - 10.

［311］朱承亮，岳宏志，师萍．环境约束下的中国经济增长效率研究［J］．数量经济技术经济研究，2011，28（5）：3 - 20，93.

［312］许永洪，孙梁，孙传旺．中国全要素生产率重估——ACF模型中弹性估计改进和实证［J］．统计研究，2020，37（1）：33 - 46.

［313］Pakes A，Olley G S．A Limit Theorem for a Smooth Class of Semiparametric Estimators［J］．Journal of Econometrics，1995，65：295 - 332.

［314］Olley G S，Pakes A．The Dynamics of Productivity in the Telecommunications Equipment Industry［J］．Econometrica，1996，64（6）：1263 - 1297.

［315］Levinsohn J，Petrin A．Estimating Production Functions Using Inputs to Control for Unobservables［J］．The Review of Economic Studies，2003，70（2）：317 - 341.

［316］Ackerberg D，Caves K，Frazer G．Structural identification of production functions［J］．MPRA Paper，2006，88（453）：411 - 425.

［317］Ackerberg D，Caves K，Frazer G．Identification Properties of Recent Production Function Estimators［J］．Econometrica，2015，83（6）：2411 - 2451.

［318］Yasar M，Raciborski R，Poi B．Production function estimation in Stata using the Olley and Pakes method［J］．Stata Journal，2008，8（2）：221 - 231.

［319］Harmse C，Abuka C A．The links between trade policy and total factor productivity in South Africa's manufacturing sector［J］．South African Journal of Economics，2010，73（3）：389 - 405.

[320] Van Beveren I. Total factor productivity estimation：A practical review ［J］. Journal of Economic Surveys，2012，26（1）：98 - 128.

[321] Brandt L，Van Biesebroeck J，Zhang Y. Creative accounting or creative destruction？ Firm - level productivity growth in Chinese manufacturing ［J］. Journal of Development Economics，2012，97（2）：339 - 351.

[322] Hyytinen A，Ilmakunnas P，Maliranta M. Olley - Pakes productivity decomposition：computation and inference ［J］. Journal of the Royal Statistical Society：Series A（Statistics in Society），2016，179（3）：749 - 761.

[323] Wang H，Yang G，Ouyang X，et al. Does central environmental inspection improves enterprise total factorproductivity？ The mediating effect of management efficiency and technological innovation ［J］. Environmental Science and Pollution Research，2021，28：21950 - 21963.

[324] 才国伟，连玉君. 外资控制权、企业异质性与 FDI 的技术外溢——基于 Olley - Pakes 半参法的实证研究 ［J］. 南方经济，2011，8：45 - 53，63.

[325] 张倩肖，李丹丹. 基于半参数法的中国跨地区全要素生产率研究 ［J］. 华东经济管理，2016，30（3）：50 - 56.

[326] 艾文冠. 股权结构对上市公司全要素生产率的影响——基于 Olley - Pakes 半参数方法的实证研究 ［J］. 西南师范大学学报（自然科学版），2017，42（3）：119 - 127.

[327] 朱灵君，王学君. 中国食品工业全要素生产率测度与事实——基于企业微观数据 ［J］. 世界农业，2017（6）：60 - 67.

[328] 葛金田. 劳动力价格扭曲的生产率效应研究——基于 ACF 方法的实证分析 ［J］. 学习与探索，2019（6）：125 - 133.

[329] 金剑，蒋萍. 生产率增长测算的半参数估计方法：理论综述和相关探讨 ［J］. 数量经济技术经济研究，2006（9）：22 - 28.

[330] Verbeek M，Vella F. Estimating Dynamic Models from Repeated Cross - Sections ［J］. Journal of Econometrics，2005，127（1）：83 - 102.

[331] Jang H，Kim H，Park H. Spatiotemporal analysis of Korean ginseng farm productivity ［J］. Journal of productivity analysis，2020，53（1）：69 - 78.

[332] 周五七. 绿色生产率增长的非参数测度方法：演化和进展 ［J］. 技术经济，2015，34（9）：48 - 54.

[333] Charnes A，Cooper W W，Rhodes E. Measuring the efficiency of decision making units ［J］. European Journal of Operational Research，1978，2（6）：429 - 444.

[334] Banker R D，Charnes A，Cooper W W. Some Models for Estimating Technical

and Scale Inefficiencies in Data Envelopment Analysis [J]. Management Science, 1984, 30 (9): 1078 - 1092.

[335] Andersen P, Petersen N C. A Procedure for Ranking Efficient Units in Data Envelopment Analysis [J]. Management Science, 1993, 39 (10): 1261 - 1264.

[336] Tone K. A slacks - based measure of efficiency in data envelopment analysis [J]. European Journal of Operational Research, 2001, 130 (3): 498 - 509.

[337] Tone K. A slacks - based measure of super - efficiency in data envelopment analysis [J]. European Journal of Operational Research, 2002, 143 (1): 32 - 41.

[338] Chung Y H, Färe R, Grosskopf S. Productivity and undesirable outputs: A directional distance function approach. Journal of Environmental Management, 1997, 51 (3): 229 - 240.

[339] Seiford L M, Zhu J. Modeling undesirable factors in efficiency evaluation [J]. European Journal of Operational Research, 2002, 142 (1): 16 - 20.

[340] Cooper W W, Seiford L M, Tone K. Data envelopment analysis: a comprehensive text with models, applications, references and DEA - Solver software (2nd ed.) [M]. New York: Springer Science + Business Media, 2007.

[341] Li H, Fang K, Yang W, et al. Regional environmental efficiency evaluation in China: Analysis based on the Super - SBM model with undesirable outputs [J] Mathematical and Computer Modelling, 2013, 58 (5 - 6): 1018 - 1031.

[342] Zhu J. Super - efficiency and DEA sensitivity analysis [J]. European Journal of Operational Research, 2001, 129 (2): 443 - 455.

[343] Serrano - Cinca C, Fuertes - Callen Y, Mar - Molinero C. Measuring DEA efficiency in Internet companies [J]. Decision Support Systems, 2005, 38 (4): 557 - 573.

[344] Rashidi K, Saen R F. Measuring eco - efficiency based on green indicators and potentials in energy saving and undesirable output abatement [J]. Energy Economics, 2015, 50: 18 - 26.

[345] Cantor V J M, Poh K L. Efficiency measurement for general network systems: a slacks - based measure model [J]. Journal of Productivity Analysis, 2020, 54: 43 - 57.

[346] 张恒, 周中林, 郑军. 长江三角洲城市群科技服务业效率评价——基于超效率 DEA 模型及视窗分析 [J]. 科技进步与对策, 2019, 36 (5): 46 - 53.

[347] 杜浩, 周昱彤, 匡海波, 等. 基于三阶段超效率 DEA 的港口运行效率研究 [J]. 技术经济, 2021, 40 (7): 22 - 35.

[348] 黄玛兰, 曾琳琳, 李晓云. LCA 和 DEA 法相结合的农业生态效率研究——兼顾

绿色认知和环境规制的影响 [J]. 华中农业大学学报（社会科学版），2022 (1)：94 – 104.

[349] 周小刚，林睿，陈晓，等. 系统思维下中国高等教育投入产出效率评价研究——基于三阶段 DEA 和超效率 DEA 的实证 [J]. 系统科学学报，2022 (4)：58 – 62.

[350] Caves D W，Christensen L R，Diewert W E. The Economic Theory of Index Numbers and the Measurement of Input，Output，and Productivity [J]. Econometrica，1982，50：1393 – 1414.

[351] Färe R，Grosskopf S. Malmquist indexes and Fisher ideal indexes [J]. The Economic Journal，1992，102：158 – 160.

[352] Färe R，Grosskopf S，Lindgren，B，et al. Productivity Developments in Swedish Hospitals：A Malmquist Output Index Approach. In：Data Envelopment Analysis：Theory，Methodology，and Applications [M]. Dordrecht：Springer，1994a.

[353] Färe R，Grosskopf S，Roos P. Malmquist Productivity Indexes：A Survey of Theory and Practice. In：Färe R，Grosskopf S，Russell R R.（eds）Index Numbers：Essays in Honour of Sten Malmquist [M]. Dordrecht：Springer，1998.

[354] Malmquist S. Index numbers and indifference surfaces [J]. Trabajos De Estadistica，1953，4：209 – 242.

[355] Tone K. Malmquist Productivity Index [C] //Cooper W W，Seiford L M，Zhu J. Handbook on Data Envelopment Analysis. International Series in Operations Research & Management Science [M]. Boston：Springer，2004.

[356] Färe R，Grosskopf S，Margaritis D. Malmquist Productivity Indexes and DEA. In：Cooper，W.，Seiford，L.，Zhu，J. Handbook on Data Envelopment Analysis [M]. Boston：Springer，2011.

[357] Chambers R G，Fáure R，Grosskopf S. Productivity growth in APEC countries [J]. Pacific Economic Review，1996，1 (3)：181 – 190.

[358] Luenberger D G. Benefit functions and duality [J]. Journal of Mathematical Economics，1992，21 (5)：461 – 481.

[359] Chung Y H，Färe R，Grosskopf S. Productivity and undesirable outputs：A directional distance function approach. Journal of Environmental Management，1997，51 (3)：229 – 240.

[360] Pastor J T，Lovell C A. Global Malmquist productivity index [J]. Economics Letters，2005，88 (2)：266 – 271.

[361] Oh Dh Aglobal Malmquist – Luenberger productivity index [J]. Journal of Pro-

ductivity Analysis，2010，34：183 - 197.

[362] Fuentes R，Lillo - Banuls A. Smoothed bootstrap Malmquist index based on DEA model to compute productivity of tax offices [J]. Expert Systems with Applications，2015，42 (5)：2442 - 2450.

[363] Cao L，Zhou Z，Wu Y，et al. Is metabolism in all regions of China performing well? - Evidence from a new DEA - Malmquist productivity approach [J]. Ecological indicators，2019，106：105487.

[364] Xu H，Wang Y，Gao C，et al. Road transportation green productivity and its threshold effects from environmental regulation [J]. Environ Science and Pollution Research，2022，29：22637 - 22650.

[365] 章祥荪，贵斌威. 中国全要素生产率分析：Malmquist 指数法评述与应用 [J]. 数量经济技术经济研究，2008 (6)：111 - 122.

[366] 吕连菊，阚大学. 中国全要素生产率的测算及其变动分析 [J]. 统计与决策，2017，20：133 - 136.

[367] 尹朝静，付明辉，李谷成. 技术进步偏向、要素配置偏向与农业全要素生产率增长 [J]. 华中科技大学学报 (社会科学版)，2018，32 (5)：50 - 59.

[368] 王兵，曾志奇，杜敏哲. 中国农业 GTFP 的要素贡献及产区差异——基于 Meta - SBM - Luenberger 生产率指数分析 [J]. 产经评论，2020，11 (6)：69 - 87.

[369] 白雪洁，刘莹莹，田荣华. 考虑价格因素的中国全要素生产率计算及其影响因素分析——基于 Global Cost Malmquist 和 Tobit 模型的实证研究 [J]. 工业技术经济，2021，40 (4)：3 - 11.

[370] 钟丽雯，张建兵，蔡芸霜，等. 近10年广西农业生产效率与全要素生产率时空演变与驱动因素分析 [J]. 中国农业资源与区划，2021，42 (9)：272 - 282.

[371] 李德山，赵颖文，李琳瑛. 煤炭资源型城市环境效率及其环境生产率变动分析——基于山西省 11 个地级市面板数据 [J]. 自然资源学报，2021，36 (3)：618 - 633.

[372] 胡剑波，许帅. 中国产业部门环境效率与环境全要素生产率测度 [J]. 统计与决策，2022，38 (3)：65 - 70.

[373] 唐德才，李智江. DEA 方法在可持续发展评价中的应用综述 [J]. 生态经济，2019，35 (7)：56 - 62.

[374] 王艳芳. 基于人力资本视角的我国三次产业 TFP 再测算 [J]. 统计与决策，2019，35 (24)：137 - 140.

[375] Färe R，Grosskopf S，Norris M，et al. Productivity growth，technical progress and efficiency change in industrial countries [J]. American Economic Review，1994b，84：66 - 89.

［376］田友春，卢盛荣，靳来群．方法、数据与全要素生产率测算差异［J］．数量经济技术经济研究，2017，34（12）：22-40.

［377］Li H，Shi J. Energy efficiency analysis on Chinese industrial sectors：an improved Super-SBM model with undesirable outputs［J］. Journal of Cleaner Production，2014，65：97-107.

［378］Chen F，Zhao T，Wang J. The evaluation of energy-environmental efficiency of China's industrial sector：based on Super-SBM model［J］. Clean Technologies and Environmental Policy，2019，21：1397-1414.

［379］岳立，薛丹．黄河流域沿线城市绿色发展效率时空演变及其影响因素［J］．资源科学，2020，42（12）：2274-2284.

［380］Zhou L，Zhou C，Che L，et al. Spatio-temporal evolution and influencing factors of urban green development efficiency in China［J］. Journal of Geographical Sciences，2020，30（5）：724-742.

［381］Wang H，Zhang Y，Liu Z，et al. The impact and mechanisms of the Shanghai pilot free-trade zone on the green total factor productivity of the Yangtze River Delta Urban Agglomeration［J］. Environmental Science and Pollution Research，2022，29（27）：40997-41011.

［382］Meng M，Qu D. Understanding the green energy efficiencies of provinces in China：A Super-SBM and GML analysis［J］. Energy，2022，239（Part A）：121912.

［383］李雪梅，周文华．城市土地资源利用与环境管理规划研究——评《城市土地开发与管理》［J］．科技管理研究，2021，41（12）：220.

［384］左其亭，赵衡，马军霞．水资源与经济社会和谐平衡研究［J］．水利学报，2014，45（7）：785-792，800.

［385］谢里，陈宇．节能技术创新有助于降低能源消费吗？——"杰文斯悖论"的再检验［J］．管理科学学报，2021，24（12）：77-91.

［386］许宪春．中国国内生产总值核算历史数据的重大补充和修订［J］．经济研究，2021，56（4）：180-197.

［387］彭倩，刘志强，王俊帝，洪亘伟．中国建成区绿地率与人均公园绿地面积的耦合协调时空格局研究［J］．现代城市研究，2020（10）：89-96.

［388］Brunnermeier S B，Cohen M A. Determinants of environmental innovation in US manufacturing industries［J］. Journal of Environmental Economics and Management，2003，45（2）：278-293.

［389］Ederington J，Minier J. Is Environmental Policy a Secondary Trade Barrier? An Empirical Analysis［J］. Canadian Journal of Economics，2000，36（1）：137-154.

[390] 叶琴，曾刚，戴劭勋，等．不同环境规制工具对中国节能减排技术创新的影响——基于 285 个地级市面板数据 [J]．中国人口·资源与环境，2018，28 (2)：115 - 122.

[391] Anton W，Deltas G，Khanna M. Incentives for Environmental Self - Regulation and Implications for Environmental Performance [J]．Journal of Environmental Economics and Management，2004，48 (1)：632 - 654.

[392] Agan Y，Acar M F，Borodin A. Drivers of environmental processes and their impact on performance：a study of Turkish SMEs [J]．Journal of Cleaner Production，2013，51：23 - 33.

[393] Guo L L，Qu Y，Tseng M L. The interaction effects of environmental regulation and technological innovation on regional green growth performance [J]．Journal of Cleaner Production，2017，162：894 - 902.

[394] Graafland J，Smid H. Reconsidering the relevance of social license pressure and government regulation for environmental performance of European SMEs [J]．Journal of Cleaner Production，2017，141：967 - 977.

[395] Sanchez - Vargas A，Mansilla - Sanchez R，Aguilar - Ibarra A. An Empirical Analysis of the Nonlinear Relationship Between Environmental Regulation and Manufacturing Productivity [J]．Journal of Applied Economics，2013，16 (2)：357 - 372.

[396] Yang G，Zha D，Wang X，et al. Exploring the nonlinear association between environmental regulation and carbon intensity in China：The mediating effect of green technology [J]．Ecological Indicators，2020，114：106 309.

[397] 尹庆民，顾玉铃．环境规制对绿色经济效率影响的门槛模型分析——基于产业结构的交互效应 [J]．工业技术经济，2020，39 (8)：141 - 147.

[398] 齐红倩，陈苗．环境规制对我国绿色经济效率影响的非线性特征 [J]．数量经济研究，2018，9 (2)：61 - 77.

[399] 张峰，宋晓娜．提高环境规制能促进高端制造业"绿色蜕变"吗——来自 GTFP 的证据解释 [J]．科技进步与对策，2019，36 (21)：53 - 61.

[400] 吴磊，贾晓燕，吴超，等．异质型环境规制对中国 GTFP 的影响 [J]．中国人口·资源与环境，2020，30 (10)：82 - 92.

[401] 赵立祥，赵蓉，张雪薇．碳交易政策对我国大气污染的协同减排有效性研究 [J]．产经评论，2020，11 (3)：148 - 160.

[402] 戴钱佳．异质性环境规制对物流业 GTFP 的影响研究——基于技术创新的中介效应分析 [J]．重庆文理学院学报（社会科学版），2020，39 (6)：63 - 74.

[403] 高艺，杨高升，谢秋皓．异质性环境规制对 GTFP 的影响机制——基于能源消

费结构的调节作用 [J]. 资源与产业，2020，22（3）：1-10.

[404] 穆献中，周文韬，胡广文. 不同类型环境规制对全要素能源效率的影响 [J].
北京理工大学学报（社会科学版），2022，24（3）：56-74.

[405] 刘耀彬，熊瑶. 环境规制对区域经济发展质量的差异影响——基于 HDI 分区的
比较 [J]. 经济经纬，2020，37（3）：1-10.

[406] 解春艳，黄传峰，徐浩. 环境规制下中国农业技术效率的区域差异与影响因
素——基于农业碳排放与农业面源污染双重约束的视角 [J]. 科技管理研究，
2021，41（15）：184-190.

[407] 何凌云，祁晓凤. 环境规制与绿色全要素生产率——来自中国工业企业的证
据 [J]. 经济学动态，2022（6）：97-114.

[408] 上官绪明，葛斌华. 科技创新、环境规制与经济高质量发展——来自中国 278
个地级及以上城市的经验证据 [J]. 中国人口·资源与环境，2020，30（6）：
95-104.

[409] 杨丽，孙之淳. 基于熵值法的西部新型城镇化发展水平测评 [J]. 经济问题，
2015（3）：115-119.

[410] 彭星，李斌. 不同类型环境规制下中国工业绿色转型问题研究 [J]. 财经研究，
2016，42（7）：134-144.

[411] 张文卿，陈宇科. 环境规制工具、研发补贴对绿色技术创新的影响研究 [J].
生态经济，2022，38（1）：36-46.

[412] Cairncross F. Economic tools，international trade，and the role of business. In M.
Hastings（Author）& J. Schmandt & C. Ward（Eds.），Sustainable Develop-
ment：The Challenge of Transition. Cambridge：Cambridge University Press，
2000.

[413] Sun H，Wan Y，Zhang L，et al. Evolutionary Game of the Green Investment in a
Two-echelon Supply Chainunder a Government Subsidy Mechanism [J]. Journal
of Cleaner Production，2019，235：1315-1326.

[414] 黄磊，吴传清. 外商投资、环境规制与长江经济带城市绿色发展效率 [J]. 改
革，2021（3）：94-110.

[415] 李博，秦欢，孙威. 产业转型升级与 GTFP 提升的互动关系——基于中国 116
个地级资源型城市的实证研究 [J]. 自然资源学报，2022，37（1）：186-199.

[416] Wang K，Pang S，Ding L，et al. Combining the biennial Malmquist-Luenberger
index and panel quantile regression to analyze the green total factor productivity of
the industrial sector in China [J]. Science of The Total Environment，2020，739
（3）：140280.

[417] 苏科，周超. 人力资本、科技创新与 GTFP——基于长江经济带城市数据分

析 [J]. 经济问题，2021 (5)：71-79.

[418] 孙早，刘李华. 信息化提高了经济的全要素生产率吗——来自中国 1979—2014 年分行业面板数据的证据 [J]. 经济理论与经济管理，2018 (5)：5-18.

[419] 郑婷婷，付伟，陈静. 信息发展水平、资源依赖与 GTFP——来自地级市面板数据的分析 [J]. 科技进步与对策，2019，36 (23)：44-52.

[420] 陈诗一，陈登科. 雾霾污染、政府治理与经济高质量发展 [J]. 经济研究，2018，53 (2)：20-34.

[421] 邓慧慧，杨露鑫. 雾霾治理、地方竞争与工业绿色转型 [J]. 中国工业经济，2019 (10)：118-136.

[422] Feng T，Du H，Lin Z，et al. Spatial spillover effects of environmental regulations on air pollution：Evidence from urban agglomerations in China. Journal of Environmental Management，2020，272：110998.

[423] Zhou A，Li J. Impact of anti - corruption and environmental regulation on the green development of China's manufacturing industry [J]. Sustainable Production and Consumption，2021，27，1944-1960.

[424] 李珊珊，罗良文. 地方政府竞争下环境规制对区域碳生产率的非线性影响——基于门槛特征与空间溢出视角 [J]. 商业研究，2019 (1)：88-97.

[425] 陈浩，罗力菲. 环境规制对经济高质量发展的影响及空间效应——基于产业结构转型中介视角 [J]. 北京理工大学学报（社会科学版），2021，23 (6)：27-40.

[426] 叶娟惠. 环境规制与中国经济高质量发展的非线性关系检验 [J]. 统计与决策，2021，37 (7)：102-108.

[427] 何正霞，曹长帅，王建明. 环境规制、产业集聚与环境污染的空间溢出研究 [J]. 华东经济管理，2022，36 (3)：12-23.

[428] 张翔祥，邓荣荣. 数字普惠金融对农业 GTFP 的影响及空间溢出效应 [J]. 武汉金融，2022 (1)：65-74.

[429] 李慧，余东升. 中国城市 GTFP 的时空演进与空间溢出效应分析 [J]. 经济与管理研究，2022，43 (2)：65-77.

[430] 余升国，赵秋银，许可. 博弈视角下中国地方政府环境规制竞争——来自省际层面的空间分析证据 [J]. 海南大学学报（人文社会科学版），2022，40 (2)：148-160.

[431] Anselin L，Le Gallo J，Jayet H. Spatial Panel Econometrics [C]. In The Econometrics of Panel Data：Advanced Studies in Theoretical and Applied Econometrics [M]. Berlin：Springer，2008.

[432] Elhorst J P. Spatial Panel Data Models. In Spatial Econometrics：From Cross - Sectional Data to Spatial Panels [M]. Berlin：Springer，2014.

[433] 张华，冯烽. 非正式环境规制能否降低碳排放？——来自环境信息公开的准自然实验 [J]. 经济与管理研究，2020，41（8）：62-80.

[434] Blackman A，Lahiri B，Pizer W，Planter，M. R.，Muñoz - Piña，C. Voluntary environmental regulation in developing countries：Mexico's Clean Industry Program [J]. Journal of Environmental Economics and Management，2010，60（3）：182-192.

[435] Wang S，Sun P，de Véricourt F. Inducing Environmental Disclosures：A Dynamic Mechanism Design Approach [J]. Operations Research，2016，64（2）：371-389.

[436] Cesur R，Tekin E，Ulker A. Air Pollution and Infant Mortality：Evidence from the Expansion of Natural Gas Infrastructure [J]. The Economic Journal，2017，127：330-362.

附表 我国城市 GTFP 测度结果

城市	2006年	2007年	2008年	2009年	2010年	2011年	2012年	2013年	2014年	2015年	2016年	2017年	2018年	2019年
北京市	1.477 5	1.485 5	1.447 5	1.483 2	1.439 2	1.484 7	1.403 5	1.473 6	1.424 2	1.461 9	1.509 0	1.482 9	1.456 8	1.422 6
天津市	1.269 5	1.236 6	1.048 8	1.048 1	1.011 5	1.084 0	1.064 2	1.026 8	1.077 8	1.161 1	1.128 5	1.090 8	1.082 0	1.210 1
石家庄市	1.051 2	1.019 8	1.138 1	1.063 0	1.022 8	0.990 8	0.922 1	1.027 2	1.094 9	1.022 6	1.227 0	1.164 2	0.931 1	1.137 5
唐山市	0.963 9	0.963 7	1.031 0	0.801 7	1.029 7	1.074 7	0.976 3	1.012 5	0.951 9	1.043 5	0.918 7	1.147 4	1.095 0	0.988 1
邯郸市	1.006 6	1.068 9	1.061 1	0.903 3	1.050 2	1.058 8	1.015 9	0.826 8	0.984 5	0.949 4	1.143 8	1.184 6	0.940 0	0.949 8
张家口市	0.937 4	0.920 1	0.988 2	0.855 5	1.039 7	1.082 0	1.044 1	0.983 3	1.006 3	1.070 0	1.247 2	1.011 2	1.049 1	1.015 9
保定市	1.053 4	1.057 7	1.083 0	0.964 3	1.098 0	1.003 4	0.870 3	1.107 9	0.942 0	1.107 6	1.163 4	1.097 3	1.002 9	1.054 4
沧州市	0.920 7	0.985 2	1.056 7	0.960 3	1.136 9	0.893 8	0.976 6	1.081 2	0.992 8	1.125 6	1.226 5	1.091 5	0.908 8	0.947 5
秦皇岛市	0.964 3	1.028 0	1.085 9	0.862 8	1.069 5	0.860 9	0.911 0	1.080 1	0.900 8	1.097 1	1.107 5	1.121 8	1.051 4	0.999 1

（续）

城市	2006年	2007年	2008年	2009年	2010年	2011年	2012年	2013年	2014年	2015年	2016年	2017年	2018年	2019年
邢台市	1.062 7	1.033 6	1.001 4	0.951 4	1.044 6	1.065 5	1.014 3	0.955 1	1.042 9	1.064 6	1.013 8	1.418 6	1.147 1	1.019 7
廊坊市	1.000 2	0.993 7	1.022 2	0.940 6	1.128 1	0.969 0	1.003 3	0.988 5	1.078 3	1.146 7	1.142 7	1.174 0	1.642 4	1.016 4
承德市	1.040 6	0.960 1	1.253 7	0.884 8	1.083 2	1.149 4	1.227 4	0.909 6	0.932 9	1.202 2	1.063 5	1.053 2	1.634 3	1.175 6
衡水市	1.007 6	1.242 4	1.005 9	0.913 6	1.052 8	1.124 8	1.008 4	1.056 7	0.940 0	1.008 2	1.297 6	1.596 6	1.064 1	1.310 8
上海市	1.621 6	1.507 6	1.568 2	1.566 3	1.510 8	1.527 0	1.603 9	1.973 9	1.727 6	1.759 2	1.761 4	1.730 9	1.888 3	1.846 2
南京市	1.316 5	1.389 9	1.473 0	1.289 7	1.229 9	1.320 6	1.204 0	1.247 1	1.322 1	1.367 0	1.393 7	1.376 3	1.319 8	1.379 7
无锡市	1.075 0	1.069 0	1.086 0	1.097 2	1.084 2	1.144 0	1.090 3	0.984 4	0.924 6	1.036 7	1.153 3	1.161 5	1.194 2	1.356 6
徐州市	1.092 5	1.142 5	1.079 6	1.061 5	1.006 6	1.023 9	0.914 5	0.938 9	1.069 6	1.036 7	1.078 7	1.187 5	1.035 5	1.009 0
常州市	1.040 8	1.051 2	1.123 2	1.068 4	1.122 0	1.044 9	1.083 8	0.993 3	1.026 2	1.041 6	1.086 6	1.010 6	0.968 2	1.058 9
苏州市	1.091 5	1.080 3	1.229 4	1.055 8	1.084 6	1.036 4	1.112 4	1.122 3	1.200 5	1.204 4	1.298 3	1.206 9	1.208 6	1.360 9
南通市	1.021 4	1.087 2	1.067 7	0.937 3	1.092 5	1.074 1	1.110 3	0.952 1	1.017 6	1.086 1	1.161 1	1.223 6	1.213 6	1.134 3
连云港市	1.049 6	1.091 7	1.033 9	1.021 7	0.999 9	0.966 1	1.028 1	1.017 6	0.805 9	1.159 9	1.096 0	1.018 7	1.024 1	1.093 6
淮安市	0.958 8	1.026 7	0.963 8	1.022 0	1.020 9	1.216 6	1.016 6	0.972 1	1.015 7	1.041 3	1.116 9	1.024 6	1.038 5	0.970 3
盐城市	0.986 7	1.016 8	1.008 1	1.132 1	1.009 1	1.137 4	1.050 0	0.957 3	0.989 2	0.895 9	1.136 3	0.991 1	1.032 3	1.153 1
扬州市	1.079 2	1.024 6	1.004 6	1.078 5	1.078 4	1.148 5	0.988 3	0.983 9	1.041 9	1.051 2	1.042 4	1.031 4	0.998 9	1.034 2
镇江市	1.033 2	1.091 5	1.044 4	1.004 9	1.013 2	0.971 8	1.125 3	0.992 4	1.017 7	1.034 3	1.143 0	1.326 8	1.217 7	1.270 1

（续）

城市	2006年	2007年	2008年	2009年	2010年	2011年	2012年	2013年	2014年	2015年	2016年	2017年	2018年	2019年
泰州市	1.022 1	1.024 2	0.978 4	1.037 0	1.059 0	1.193 2	1.068 4	0.840 7	0.984 1	1.162 2	1.129 0	1.036 2	0.930 8	0.981 0
宿迁市	0.950 5	1.023 4	1.071 4	0.996 4	0.956 8	1.119 5	0.945 2	0.861 7	1.045 5	1.070 7	1.138 1	0.999 3	0.988 7	1.029 8
杭州市	1.233 5	1.211 0	1.221 9	1.250 6	1.243 4	1.242 5	1.214 7	1.198 1	1.280 9	1.278 9	1.402 9	1.461 2	1.517 3	1.588 2
嘉兴市	1.115 6	1.030 8	1.098 1	0.982 3	1.045 1	1.088 9	1.010 2	1.019 3	1.002 2	1.065 2	1.307 3	0.938 0	1.105 3	1.143 5
湖州市	0.911 5	1.151 3	1.054 1	0.937 9	1.148 1	1.123 3	0.998 5	0.989 1	1.008 8	1.014 4	1.102 2	1.047 1	1.015 7	1.027 8
舟山市	0.972 8	1.292 3	0.998 2	0.957 1	1.073 6	1.184 1	1.012 2	0.979 6	0.952 3	1.001 8	1.140 0	1.051 7	1.108 7	0.947 6
金华市	1.214 9	1.079 7	1.136 7	0.970 8	1.014 6	1.035 1	0.859 0	1.045 7	1.055 0	0.996 7	1.403 4	0.911 7	0.986 9	1.078 0
绍兴市	1.032 9	1.066 8	1.081 7	0.920 3	1.007 8	1.039 4	1.058 0	1.025 3	0.866 7	0.991 5	1.185 1	1.183 7	1.307 4	1.269 9
温州市	1.130 7	1.141 9	1.145 4	1.020 6	1.105 3	1.061 8	1.320 4	1.068 3	1.026 0	0.990 3	1.109 5	1.221 7	1.639 6	0.996 0
台州市	1.094 7	1.046 9	1.529 5	0.997 5	1.140 8	0.859 0	0.967 9	1.055 7	1.037 1	0.931 3	1.183 0	1.255 8	1.201 4	1.147 2
丽水市	1.142 6	1.132 7	1.049 5	1.110 9	1.057 0	0.981 8	1.032 2	1.035 1	1.013 2	1.004 7	1.037 2	0.961 1	1.042 8	0.962 7
衢州市	0.931 3	1.089 5	1.020 2	1.034 7	1.059 7	1.032 0	1.093 3	0.984 2	0.902 5	0.922 2	1.005 5	1.049 6	1.191 0	1.054 7
宁波市	1.194 7	1.048 9	1.069 5	0.984 9	1.060 1	1.062 2	0.964 0	1.063 1	0.968 4	1.044 8	1.144 8	1.038 7	1.019 6	1.017 2
福州市	1.032 8	0.949 0	1.049 7	1.061 6	1.043 1	0.973 8	1.010 8	1.036 6	1.036 9	0.985 2	1.074 2	0.986 7	0.983 2	1.006 2
三明市	0.937 8	0.935 5	1.018 4	1.054 9	1.105 7	1.175 7	1.007 6	1.034 9	1.040 7	1.131 8	1.185 8	1.339 5	1.184 7	1.341 0
南平市	0.976 6	0.964 6	0.939 0	1.044 2	1.183 4	1.167 8	1.085 1	1.067 2	1.022 0	0.933 0	1.032 5	1.025 8	1.075 4	1.095 1

（续）

城市	2006年	2007年	2008年	2009年	2010年	2011年	2012年	2013年	2014年	2015年	2016年	2017年	2018年	2019年
宁德市	1.050 9	1.143 7	0.922 3	1.042 9	1.054 6	1.151 9	1.042 9	1.017 1	1.036 4	0.978 6	1.120 8	1.003 7	1.052 6	1.389 5
莆田市	1.045 6	0.904 7	1.120 7	0.929 1	1.040 6	1.006 9	0.943 7	1.057 8	0.952 9	1.021 9	1.127 6	1.121 1	1.001 7	1.078 2
泉州市	0.883 1	0.988 9	1.026 1	1.037 3	1.129 9	0.885 3	0.949 0	1.046 8	0.978 3	1.039 0	1.085 0	1.020 1	0.905 9	1.128 1
漳州市	0.946 7	0.970 2	0.892 5	0.997 1	1.028 9	1.018 8	1.047 3	0.967 7	0.976 7	1.082 0	1.024 2	1.059 0	1.164 5	1.183 4
龙岩市	0.960 4	0.904 9	1.032 8	1.042 7	1.074 2	1.046 8	1.002 0	1.012 8	1.066 0	0.931 2	1.166 6	1.088 8	0.988 2	1.036 8
厦门市	1.007 4	0.941 7	1.170 6	1.088 7	0.986 0	0.996 1	1.030 3	1.015 5	0.967 8	1.032 5	1.128 7	1.042 0	1.130 3	1.537 5
青岛市	1.171 3	1.064 7	1.090 3	1.027 9	1.088 5	1.044 1	1.048 0	1.030 2	0.984 5	1.076 3	1.214 9	1.214 1	1.331 7	1.222 1
济南市	1.054 6	0.987 1	1.028 9	1.005 8	1.024 0	1.002 2	1.038 5	1.001 1	1.032 6	1.017 4	1.037 0	1.050 3	1.031 1	1.020 2
淄博市	0.998 9	1.055 7	1.030 0	0.980 8	0.973 8	0.946 9	1.008 5	1.035 2	0.925 4	0.980 8	1.064 6	1.190 5	1.061 4	0.893 3
枣庄市	1.078 8	1.112 3	1.019 4	1.046 2	1.044 0	1.052 5	1.035 1	0.981 1	1.010 0	0.994 7	1.130 2	1.216 6	0.984 3	0.893 2
烟台市	1.079 2	1.121 3	1.069 1	1.053 0	1.059 7	1.053 7	1.041 7	0.978 1	0.993 6	0.990 9	1.158 5	0.999 6	0.873 5	1.114 3
潍坊市	1.060 8	1.015 0	0.997 4	0.995 7	0.982 4	1.019 1	0.995 2	1.005 2	0.992 7	1.053 5	1.087 6	1.087 2	0.968 5	0.863 1
济宁市	0.993 8	0.980 1	1.034 8	0.912 4	0.955 2	1.033 1	0.936 4	0.931 8	1.019 8	0.937 9	1.236 0	1.088 6	1.006 3	1.011 8
临沂市	1.039 3	0.991 8	1.095 0	1.035 0	0.884 6	1.155 7	0.800 8	0.913 8	0.888 1	1.076 3	1.038 6	1.019 4	1.071 4	1.022 1
泰安市	1.056 3	1.060 0	1.069 7	1.019 3	0.969 6	0.969 6	1.037 6	1.128 4	0.939 9	1.103 7	1.121 1	1.115 6	0.951 1	0.899 5
聊城市	1.028 2	0.935 8	1.126 6	1.014 3	0.962 0	0.937 6	1.037 5	0.993 7	1.152 9	1.005 1	1.026 6	1.073 2	0.959 2	0.958 5

（续）

城市	2006年	2007年	2008年	2009年	2010年	2011年	2012年	2013年	2014年	2015年	2016年	2017年	2018年	2019年
菏泽市	1.051 7	1.109 6	0.998 2	0.992 3	1.088 7	1.079 6	1.138 5	0.819 4	0.916 9	0.963 3	0.992 3	1.276 7	1.147 4	0.981 8
德州市	1.040 9	1.078 3	1.081 0	0.973 1	0.880 8	0.938 3	1.101 0	1.026 9	0.988 7	1.011 1	1.050 7	1.110 9	1.016 0	0.864 3
滨州市	1.074 7	1.088 7	1.070 1	1.011 0	0.999 0	1.030 2	1.100 8	1.126 3	0.809 3	0.873 2	0.800 7	1.318 8	1.017 4	1.037 1
东营市	1.048 8	1.045 9	1.128 3	0.950 5	1.057 0	1.164 7	0.963 6	1.031 8	0.991 9	0.982 3	1.025 7	0.984 5	1.006 5	0.841 6
威海市	1.085 5	1.192 6	1.089 5	1.003 2	1.000 9	0.898 8	0.927 4	0.907 1	0.904 0	0.962 6	0.995 1	1.441 2	1.144 2	1.022 7
日照市	1.204 5	0.913 8	0.915 3	0.962 2	1.078 7	0.927 3	1.038 8	0.968 4	0.945 7	1.011 5	1.030 3	1.065 7	0.986 8	0.825 1
莱芜市	1.002 5	1.150 5	1.000 4	0.886 1	0.909 0	0.968 8	0.950 2	0.943 5	0.890 8	0.898 2	0.865 4	0.913 6	0.967 7	1.077 7
广州市	1.501 9	1.539 6	1.603 1	1.629 8	1.653 3	1.616 8	1.582 9	1.571 4	1.570 7	1.545 6	1.418 1	1.483 9	1.484 9	1.489 7
深圳市	1.535 0	1.580 7	1.602 6	1.756 5	1.608 6	1.626 6	1.616 6	1.655 6	1.709 1	1.691 7	1.675 2	1.683 7	1.910 1	1.620 7
珠海市	0.988 4	0.924 0	1.064 4	0.984 8	1.060 2	0.984 1	0.990 6	1.118 6	0.911 1	1.108 7	0.867 8	1.050 3	1.032 4	1.095 2
汕头市	1.014 9	0.912 4	0.918 3	1.041 8	0.958 0	0.986 0	0.923 0	1.042 9	0.959 6	1.044 4	1.040 1	1.071 2	1.026 5	1.391 3
佛山市	1.153 1	1.037 4	0.960 2	1.173 3	1.108 5	1.238 7	0.813 7	0.899 1	1.082 2	1.214 4	1.720 5	1.004 0	0.997 4	1.035 3
韶关市	1.254 5	1.068 1	1.341 7	1.023 6	1.182 8	0.949 0	1.032 0	0.968 1	0.830 1	1.127 0	1.151 4	1.006 2	0.978 0	0.950 6
河源市	0.933 4	0.927 5	0.944 5	0.955 4	1.143 3	1.065 7	1.031 8	1.003 5	0.986 0	0.979 9	1.071 7	1.087 1	1.007 7	1.051 4
梅州市	0.996 1	0.882 9	1.045 8	1.244 3	0.835 8	1.062 2	0.935 8	0.985 7	0.727 5	0.994 4	0.990 8	0.971 9	0.963 4	0.982 6
惠州市	1.212 6	0.924 1	0.894 4	1.217 0	0.953 9	1.064 5	1.009 8	1.042 5	1.030 8	1.045 0	1.043 5	1.019 1	0.988 5	0.959 7

（续）

城市	2006年	2007年	2008年	2009年	2010年	2011年	2012年	2013年	2014年	2015年	2016年	2017年	2018年	2019年
汕尾市	0.911 2	0.836 9	0.980 3	1.085 6	1.082 1	0.954 3	0.930 9	0.940 2	0.879 3	1.071 0	1.174 6	1.009 3	1.155 1	1.050 3
东莞市	0.953 9	0.904 9	1.415 6	0.776 5	1.090 6	1.021 3	0.976 8	1.013 4	0.510 4	1.143 3	1.100 8	1.074 3	1.434 0	1.096 7
中山市	1.096 9	0.857 7	1.288 4	0.976 7	1.011 7	1.120 8	1.205 2	0.788 5	0.982 4	1.045 5	1.077 9	1.109 2	1.022 2	1.020 7
江门市	1.049 9	0.920 1	1.061 4	0.997 3	0.970 5	1.022 5	1.004 6	0.988 5	0.953 3	0.976 0	1.042 9	1.177 3	0.923 5	1.029 5
阳江市	0.958 3	1.056 7	1.037 2	0.917 2	1.165 9	0.965 9	1.037 5	0.965 4	0.918 3	1.144 1	1.310 6	0.962 7	1.204 0	0.875 4
湛江市	1.154 8	1.033 2	1.006 1	0.919 7	1.059 9	1.120 2	0.944 7	0.881 9	0.982 4	0.997 9	0.920 2	1.031 1	0.997 5	0.914 1
茂名市	1.036 6	1.266 1	1.489 0	0.965 4	1.020 5	1.015 0	0.973 8	0.764 0	0.729 4	0.928 4	1.075 3	1.160 5	1.181 3	1.009 7
肇庆市	0.915 4	2.663 4	0.363 3	0.950 4	0.993 6	1.025 2	1.029 0	0.936 3	1.099 3	0.972 9	0.994 5	1.123 0	0.980 0	0.963 9
清远市	1.153 7	0.801 9	1.052 6	1.112 0	0.931 0	1.226 6	1.182 7	0.826 7	0.734 9	0.981 9	1.028 7	1.188 2	0.915 8	0.888 2
潮州市	0.926 2	1.007 2	0.937 7	1.044 8	1.044 8	1.142 8	1.434 2	0.426 6	1.093 4	0.917 8	1.065 7	1.021 1	1.097 0	0.979 8
揭阳市	0.951 8	1.244 2	0.681 8	0.872 4	1.000 1	1.083 7	1.036 3	0.482 9	0.923 6	0.961 1	1.085 3	1.425 8	1.158 3	0.967 9
云浮市	1.103 3	0.870 1	0.904 7	1.120 8	0.957 0	1.100 8	0.743 1	0.987 2	1.042 0	1.042 7	0.769 1	1.096 8	1.093 4	1.036 3
海口市	1.174 4	1.009 0	0.976 1	1.026 7	1.114 9	1.161 0	1.109 6	0.921 8	1.182 0	1.022 7	1.151 2	1.067 2	1.174 5	1.026 8
三亚市	1.227 8	0.918 1	1.052 0	0.949 8	1.181 9	0.948 1	0.995 6	1.211 2	0.946 5	1.238 9	1.610 9	0.962 6	1.134 2	1.049 9
太原市	1.012 0	0.939 5	1.078 0	1.037 8	0.971 8	1.155 1	0.968 2	0.970 0	1.094 3	0.940 6	1.061 8	1.090 4	1.077 4	1.070 9
大同市	1.020 5	1.023 5	0.933 4	0.931 7	0.983 3	0.995 5	0.995 0	0.950 9	1.016 3	1.069 3	1.465 6	0.966 1	1.016 0	1.007 8

（续）

城市	2006年	2007年	2008年	2009年	2010年	2011年	2012年	2013年	2014年	2015年	2016年	2017年	2018年	2019年
阳泉市	0.900 3	0.971 3	1.118 3	0.897 5	0.882 1	0.960 8	0.922 3	0.895 0	1.003 6	1.148 8	0.974 4	1.090 6	1.033 0	1.240 7
长治市	1.091 2	0.989 9	1.069 0	0.846 1	1.033 1	1.067 1	0.959 6	0.946 2	0.992 3	0.968 7	1.145 1	1.169 2	1.138 4	0.847 2
晋城市	1.060 0	0.904 5	1.068 9	0.975 8	1.114 8	1.042 0	1.012 6	0.897 8	1.011 5	0.989 2	0.986 4	1.167 8	1.214 2	1.039 0
朔州市	1.021 5	0.952 8	0.816 0	0.963 5	0.902 0	1.048 3	1.070 3	0.950 1	0.979 0	0.818 5	0.923 9	0.983 6	1.054 2	0.984 4
忻州市	1.158 4	1.289 3	0.947 9	0.767 1	1.176 0	1.098 6	1.030 4	1.016 9	0.945 5	1.080 1	0.983 1	0.993 6	0.976 7	1.014 9
晋中市	0.967 2	1.029 6	1.044 2	1.036 2	1.025 3	1.100 1	0.853 5	0.935 0	0.993 7	1.029 3	1.168 4	1.087 1	1.002 3	1.027 3
吕梁市	1.128 2	0.949 0	1.080 1	0.940 3	0.921 9	1.015 7	1.012 7	0.629 0	0.940 0	0.685 2	1.053 3	1.074 1	0.937 7	0.986 9
临汾市	0.406 3	0.959 4	0.918 2	0.856 4	1.111 2	1.001 0	1.005 9	0.796 5	0.408 6	0.374 4	1.079 5	1.072 3	1.031 3	1.028 8
运城市	1.039 7	1.181 4	1.079 9	0.857 6	0.993 7	1.175 8	0.958 4	0.992 5	1.057 8	0.949 9	1.106 5	1.261 9	1.000 1	1.209 5
宣城市	0.686 2	1.549 1	1.067 5	1.014 5	1.092 0	0.647 5	0.983 6	0.771 4	0.671 4	0.936 3	1.273 6	0.932 8	0.974 6	0.998 4
宿州市	0.987 9	1.020 6	0.928 0	0.884 0	1.026 3	0.893 1	1.406 6	0.724 6	1.121 3	1.058 6	1.200 8	1.054 7	0.921 8	0.994 9
滁州市	1.134 6	0.919 7	0.995 0	1.078 6	1.086 6	1.170 8	1.040 2	1.040 0	0.902 0	1.042 2	1.193 4	1.017 6	0.899 6	1.258 9
池州市	1.136 0	1.061 7	1.002 7	1.015 2	1.055 8	1.231 3	1.015 0	0.886 8	0.949 7	1.185 6	1.256 0	1.041 0	1.090 7	1.132 9
阜阳市	1.186 1	0.961 2	1.042 5	1.017 4	0.953 0	1.006 2	0.998 4	1.000 1	0.974 1	1.061 3	1.108 1	0.988 2	1.079 8	1.185 9
六安市	0.843 2	1.165 3	1.079 8	1.065 4	0.928 6	0.968 1	0.976 3	0.992 4	1.178 7	0.890 5	1.335 0	1.008 9	0.795 0	1.061 1
合肥市	1.258 5	1.182 8	1.151 5	1.135 0	1.127 9	1.206 5	1.164 7	1.183 6	1.070 1	1.188 3	1.120 4	1.095 9	1.060 9	1.150 6

（续）

城市	2006年	2007年	2008年	2009年	2010年	2011年	2012年	2013年	2014年	2015年	2016年	2017年	2018年	2019年
蚌埠市	0.942 7	0.998 9	1.023 4	0.891 6	1.021 8	1.027	0.967	0.979 0	1.028 2	1.030 3	1.079 7	1.059 9	1.037 0	1.037 7
淮南市	1.000 4	0.983 4	1.009 4	0.969 0	0.750 7	1.112 9	1.032 2	0.884 3	1.016 7	1.042 6	1.109 2	1.166 5	1.001 4	1.050 9
铜陵市	1.041 5	0.864 3	0.967 7	1.049 3	0.816 5	1.421 8	1.085 9	0.832 6	0.888 5	1.109 8	1.255 9	0.961 2	0.913 1	0.823 9
马鞍山市	0.982 5	0.970 0	0.981 4	0.911 1	1.063 2	1.026 3	0.988 1	1.130 7	0.757 2	1.039 1	1.289 5	1.013 5	0.970 1	1.043 1
淮北市	1.022 5	1.147 2	0.916 8	0.817 7	0.955 4	1.189 3	1.008 9	0.978 8	0.990 5	1.006 2	1.181 1	1.156 0	1.039 0	0.968 6
芜湖市	1.083 6	0.942 9	0.923 1	0.968 2	0.988 6	1.189 7	1.034 9	0.894 8	1.015 4	0.985 7	1.118 5	1.035 9	0.989 1	1.013 7
安庆市	1.082 3	0.904 4	0.993 6	1.031 7	1.028 6	1.019 1	1.121 6	0.906 7	1.047 0	1.032 0	1.119 2	1.051 1	0.995 2	1.164 5
黄山市	1.037 4	1.041 4	1.051 9	1.022 5	0.932 3	1.058 4	1.070 1	1.047 3	1.025 8	0.994 5	1.018 6	1.033 6	0.957 7	0.966 7
亳州市	0.813 3	1.022 1	1.046 7	0.844 2	0.808 8	1.104 3	1.219 9	0.968 7	0.887 4	0.971 2	1.208 9	0.964 5	1.123 8	1.817
南昌市	1.134 5	1.073 1	1.066 7	0.727 7	0.986 8	1.039 3	1.070 4	0.930 1	1.050 6	1.006 3	1.014 1	1.084 8	1.126 6	0.966 1
景德镇市	1.001 9	0.526 7	0.897 1	0.953 5	0.522 7	1.008 9	1.006 3	0.558 7	0.913 4	0.977 7	0.929 2	0.606 8	0.580 2	0.873 0
萍乡市	0.937 1	0.846 6	0.866 9	0.927 3	1.076 5	1.152 8	0.989 1	0.955 8	1.036 4	0.977 0	1.082 7	1.247 6	1.207 3	1.093 3
九江市	0.333 4	1.007 5	0.844 1	0.939 9	1.105 3	1.133 9	0.927 3	0.974 3	0.963 8	0.965 6	1.219 2	1.042 5	1.097 7	1.039 7
新余市	1.022 2	0.876 8	1.204 1	1.204 5	1.040 4	1.236 7	1.071 8	0.959 3	0.843 1	0.965 5	1.137 2	1.171 8	0.985 8	1.023 1
鹰潭市	0.948 1	1.167 9	0.940 2	1.067 7	1.024 7	1.087 3	1.202 5	0.873 4	0.967 8	1.101 6	1.217 3	0.960 5	1.042 3	0.877 2
赣州市	1.037 5	1.277 3	0.838 2	1.125 2	1.157 2	0.942 2	0.971 9	0.952 5	0.930 1	0.984 3	1.107 8	1.332 5	1.049 8	1.021 3

（续）

城市	2006年	2007年	2008年	2009年	2010年	2011年	2012年	2013年	2014年	2015年	2016年	2017年	2018年	2019年
宜春市	0.960 0	0.915 2	0.998 5	0.956 0	1.082 8	1.046 0	1.094 4	0.972 1	1.020 3	0.943 7	1.071 4	1.052 5	1.100 2	1.121 7
上饶市	1.021 7	1.015 4	1.101 4	1.444 6	1.165 0	1.082 3	1.652 8	0.598 5	1.090 0	0.673 2	0.907 7	1.179 0	1.024 8	0.923 3
吉安市	1.070 0	0.963 7	0.896 1	1.009 3	1.001 5	0.990 3	1.278 1	1.023 9	0.832 4	0.955 7	1.107 5	1.002 3	0.987 6	1.053 0
抚州市	0.868 9	0.866 5	0.915 0	1.004 9	1.001 5	1.167 6	0.781 5	1.001 5	1.055 0	0.971 0	1.061 3	1.062 6	0.868 9	0.979 6
郑州市	1.108 0	1.066 2	1.089 3	1.088 5	1.029 0	1.128 3	1.161 6	1.083 1	1.184 1	1.192 8	1.214 0	1.147 7	1.168 0	1.240 6
开封市	0.984 8	0.972 7	0.942 6	0.985 0	0.996 8	0.945 8	1.031 3	0.932 9	0.934 2	1.027 6	1.322 6	1.354 6	1.101 0	1.694 9
洛阳市	0.915 0	0.920 1	0.984 7	0.919 0	0.983 3	1.081 9	1.089 1	1.009 5	1.160 1	0.990 8	1.299 9	1.118 8	1.090 8	1.022 6
平顶山市	0.884 7	1.069 1	1.138 5	0.862 1	1.028 1	1.010 0	0.920 7	0.940 6	1.020 0	1.016 5	1.380 3	1.094 9	1.052 6	1.083 8
安阳市	0.944 4	0.956 3	1.052 3	0.933 3	1.001 3	1.168 8	0.927 4	1.008 2	0.973 0	1.149 3	1.180 9	1.046 2	1.107 7	0.994 2
濮阳市	1.046 3	0.924 7	1.037 1	0.904 2	0.887 5	0.971 4	0.877 7	1.400 4	0.992 3	0.982 8	1.277 3	1.159 2	1.038 5	0.919 8
新乡市	0.971 1	0.940 9	1.026 8	1.049 0	1.090 7	1.110 7	1.034 3	0.976 0	0.929 5	0.998 9	1.481 3	1.012 0	1.027 0	1.038 4
焦作市	0.936 2	0.939 3	0.982 6	0.930 1	1.150 4	1.132 0	0.955 9	0.970 4	1.065 6	1.056 5	1.262 6	1.082 8	1.055 6	1.040 1
鹤壁市	0.888 1	0.833 1	0.972 9	0.914 6	1.031 0	1.324 1	1.003 5	0.985 0	0.900 2	1.036 4	1.246 9	1.089 9	1.107 8	1.012 7
许昌市	0.943 1	1.015 0	0.988 8	1.030 3	0.970 3	0.971 9	1.051 9	0.889 2	1.062 2	1.012 7	1.087 3	1.212 8	0.939 5	0.943 3
漯河市	1.062 6	0.983 7	1.005 6	0.928 1	0.954 0	1.023 0	1.146 6	1.003 0	0.830 8	0.428 6	1.194 6	0.800 8	0.999 8	0.902 5
三门峡市	1.050 0	1.282 4	1.060 4	1.020 0	1.080 5	1.073 9	1.127 0	1.050 4	1.039 4	0.914 5	1.026 5	1.184 0	0.958 6	1.022 6

（续）

城市	2006年	2007年	2008年	2009年	2010年	2011年	2012年	2013年	2014年	2015年	2016年	2017年	2018年	2019年
南阳市	0.943 4	1.023 3	1.007 6	0.974 9	1.037 9	0.972 5	1.008 1	0.992 7	0.910 6	1.149 0	1.642 1	1.073 0	1.097 3	1.021 7
商丘市	0.960 2	1.078 2	1.049 9	1.019 2	1.101 0	0.992 4	1.036 4	1.009 3	1.047 7	1.003 9	1.256 0	0.882 6	0.973 8	1.087 1
信阳市	0.879 9	0.993 5	1.364 0	0.892 4	1.078 6	1.132 3	1.327 6	0.919 6	0.950 8	1.069 7	1.072 2	0.930 1	1.076 8	1.029 1
周口市	0.577 9	0.857 5	1.022 1	0.936 3	1.025 7	0.996 1	1.149 8	0.952 1	1.115 5	0.956 7	1.083 9	0.979 8	1.008 3	1.148 3
驻马店市	1.027	0.945 7	1.022 6	1.011 9	1.033 1	0.979 8	0.991 0	0.956 8	0.993 2	1.019 4	1.050 1	0.994 5	0.960 4	1.036 3
武汉市	1.219 8	1.398 0	1.303 1	1.179 2	1.328 2	1.273 3	1.295 5	1.332 1	1.311 1	1.348 3	1.339 7	1.390 4	1.441 2	1.403 2
黄石市	0.973 3	1.000 7	1.030 4	0.844 9	0.888 4	1.070 9	1.102 3	0.880 3	0.913 4	1.010 3	1.003 2	1.046 8	1.090 0	1.001 2
十堰市	0.981 5	1.005 4	1.013 4	0.989 0	0.633 6	1.009 2	1.011 9	0.974 0	0.946 1	0.988 7	1.139 6	1.067 2	1.113 5	1.039 9
荆州市	1.011 2	1.005 1	0.968 9	0.938 6	0.975 8	1.127 7	0.944 8	1.003 0	0.970 8	0.993 5	1.002 9	1.191 8	1.037 3	1.083 5
宜昌市	1.031 9	1.029 9	1.050 9	1.009 6	0.969 1	1.072 6	1.104 4	1.095 0	0.941 6	0.947 7	1.006 2	1.009 1	0.994 5	0.998 6
襄阳市	1.006 0	1.014 8	0.943 4	1.151 6	0.687 9	1.330 2	0.853 2	1.014 4	0.982 1	1.136 2	1.064 8	1.116 6	0.999 8	0.979 6
鄂州市	0.952 9	0.942 1	1.066 2	0.858 6	0.897 4	1.148 0	0.958 0	0.982 1	0.889 0	0.961 7	1.029 5	1.114 7	0.865 3	1.028 6
荆门市	0.944 7	0.964 7	0.898 5	0.888 6	0.921 8	0.995 4	0.996 3	1.007 5	0.990 2	1.003 7	1.093 1	1.070 3	0.967 8	0.962 1
孝感市	0.665 2	1.002 3	0.925 4	0.937 2	0.683 8	0.984 3	1.041 6	0.790 4	0.928 8	1.050 4	1.173 5	0.967 1	0.953 2	1.049 8
黄冈市	0.951 8	1.028 6	1.112 6	1.037 7	1.103 2	0.998 4	0.884 9	1.003 9	1.025 1	1.026 5	1.297 5	1.026 4	0.821 3	0.897 0
咸宁市	0.932 1	0.864 6	1.008 8	0.913 8	1.053 9	1.449 1	0.857 5	0.878 5	1.071 3	1.002 2	1.034 6	1.052 6	1.011 4	1.014 7

（续）

城市	2006年	2007年	2008年	2009年	2010年	2011年	2012年	2013年	2014年	2015年	2016年	2017年	2018年	2019年
随州市	0.830 2	0.804 6	0.790 6	0.564 6	1.015 4	1.004 8	1.101 8	0.947 5	1.037 5	1.026 7	1.089 6	0.708 3	1.073 5	0.626 7
长沙市	1.141 4	1.133 3	1.262 3	1.141 4	1.298 9	1.219 4	1.180 0	1.200 1	1.296 4	1.296 6	1.316 1	1.305 8	1.303 8	1.348 3
株洲市	1.074 5	0.984 2	0.998 7	0.837 0	1.080 0	1.370 0	1.025 7	0.944 5	1.032 8	0.993 8	1.072 0	1.040 5	1.004 1	1.039 1
湘潭市	1.019 6	0.966 7	0.983 8	0.855 0	0.946 5	1.217 0	0.987 5	0.967 0	0.904 1	1.027 7	1.118 5	1.197 1	1.133 4	1.048 6
衡阳市	1.011 9	1.072 8	0.984 9	0.886 3	0.915 3	0.855 5	1.159 0	0.938 2	0.975 5	0.958 3	1.105 1	1.032 8	1.008 7	1.090 3
邵阳市	0.919 1	0.951 8	1.206 5	0.875 5	1.302 6	1.029 7	1.012 2	0.938 0	1.074 5	1.010 3	1.007 5	1.056 3	1.050 2	0.944 4
岳阳市	1.034 3	0.911 2	0.951 7	0.902 3	1.043 6	1.046 1	1.031 0	0.940 1	1.050 6	1.057 0	1.006 5	0.987 0	1.005 6	1.041 7
常德市	0.898 0	0.953 7	0.986 4	0.994 5	1.121 8	1.039 6	0.889 0	0.952 0	0.969 4	1.004 5	1.005 5	0.953 5	0.951 9	1.026 5
张家界市	1.051 1	1.036 2	1.208 6	0.779 3	1.014 6	1.015 4	1.222 0	0.856 0	0.998 1	1.045 8	1.087 7	0.998 3	1.005 7	0.683 1
益阳市	0.914 3	0.946 8	0.961 0	0.975 0	1.018 0	1.137 0	1.005 1	0.922 4	1.364 8	0.827 5	1.030 8	0.945 5	1.048 2	1.004 8
永州市	0.887 2	0.855 3	0.948 4	0.876 2	1.185 3	1.042 8	1.212 8	1.007 1	1.012 9	1.070 0	1.001 8	1.002 6	1.009 1	0.568 5
郴州市	1.063 2	0.993 7	0.936 0	0.892 5	1.072 1	1.072 1	1.058 9	1.009 7	1.004 7	1.000 8	1.003 9	0.968 8	0.938 0	0.906 5
娄底市	1.106 5	1.045 0	1.144 2	0.679 1	1.131 9	1.462 9	0.991 0	0.606 5	1.217 2	0.886 8	1.009 8	1.161 4	0.983 8	0.914 9
怀化市	0.923 1	0.999 0	0.959 7	0.848 8	1.133 0	1.050 6	1.198 6	1.008 3	0.924 9	1.022 5	1.041 4	1.048 0	1.003 8	0.987 8
乌兰察布市	1.021 4	1.020 0	1.014 9	1.090 7	0.917 9	0.944 7	0.942 7	0.970 7	0.948 7	0.902 5	0.894 4	0.918 7	1.058 0	0.926 8

（续）

城市	2006年	2007年	2008年	2009年	2010年	2011年	2012年	2013年	2014年	2015年	2016年	2017年	2018年	2019年
鄂尔多斯市	1.157 0	1.405 5	1.718 9	0.818 6	1.209 9	0.999 7	1.123 6	0.898 3	0.989 6	1.026 1	1.011 2	0.996 1	1.010 5	1.054 8
巴彦淖尔市	0.859 5	0.950 5	1.076 1	0.914 9	1.145 4	1.461 5	0.667 1	1.081 1	1.039 1	0.988 7	1.154 4	0.911 0	1.145 0	0.996 0
呼和浩特市	1.197 4	1.398 1	1.015 7	1.052 5	0.930 3	1.025 5	1.212 6	0.957 9	0.809 6	1.021 4	1.008 0	1.038 1	1.106 7	0.890 3
包头市	0.952 6	1.006 1	1.031 2	1.060 2	0.970 7	0.959 9	1.086 7	0.931 1	1.118 5	1.075 0	1.051 9	0.954 6	0.997 1	0.963 3
乌海市	0.952 3	0.957 8	1.106 3	0.897 2	0.912 5	0.982 1	0.946 9	0.969 0	1.027 5	0.924 9	1.861 6	0.915 0	1.065 0	1.029 3
南宁市	1.121 6	1.026 4	0.960 0	0.942 0	1.015 8	0.934 5	1.106 3	1.065 5	1.164 7	0.859 1	1.075 7	1.050 2	0.967 8	0.991 3
柳州市	1.101 1	1.022 6	1.039 7	0.897 8	0.982 4	1.084 1	1.087 2	0.946 6	0.989 7	1.049 0	1.022 1	1.043 9	1.137 0	1.005 2
桂林市	0.960 1	0.851 1	1.111 3	1.026 9	0.989 3	1.026 4	1.015 6	1.049 1	1.007 4	1.000 1	0.979 9	0.943 1	1.041 9	0.981 9
梧州市	0.925 4	0.977 9	0.994 4	0.796 6	1.001 9	1.169 1	1.166 1	1.072 2	1.143 7	1.010 9	1.082 2	1.015 2	0.916 3	0.868 2
北海市	0.940 6	1.801 4	0.322 1	0.900 7	1.100 0	1.164 3	1.002 1	1.152 7	1.030 9	0.938 8	1.039 7	1.027 3	0.973 7	1.025 1
防城港市	0.859 9	0.914 9	1.028 6	0.833 9	1.095 1	1.076 4	0.959 7	1.144 5	0.980 2	0.964 9	1.224 1	1.195 1	1.130 6	1.122 9
钦州市	0.921 5	1.193 6	0.742 8	0.905 6	1.074 8	1.070 3	1.286 3	1.042 6	0.993 3	1.072 3	1.024 3	1.051 4	1.036 9	0.965 6
贵港市	0.612 1	0.995 0	0.966 3	0.900 0	0.998 7	1.255 0	0.957 3	1.012 5	0.992 3	0.943 3	0.916 8	0.859 6	1.031 8	0.950 4
玉林市	0.906 9	0.947 9	1.146 5	0.935 6	1.016 2	1.003 7	1.049 7	1.000 4	0.983 8	1.011 4	1.016 7	1.097 5	0.898 5	0.846 5
贺州市	0.751 4	0.965 5	0.922 7	0.855 5	1.002 5	1.085 5	1.054 9	1.063 2	0.810 7	1.005 6	0.910 1	1.009 8	1.104 7	1.086 8

（续）

城市	2006年	2007年	2008年	2009年	2010年	2011年	2012年	2013年	2014年	2015年	2016年	2017年	2018年	2019年
百色市	0.866 7	1.086 1	0.934 3	0.934 7	1.109 5	1.642 1	0.666 8	1.010 2	1.154 5	1.068 5	1.009 7	1.055 7	0.882 2	1.026 7
河池市	1.016 9	1.049 8	1.107 6	0.960 8	1.033 4	1.017 9	2.708 3	0.424 9	1.082 9	1.032 3	1.029 7	0.954 9	1.082 6	1.090 4
来宾市	0.901 3	1.034 0	0.883 5	0.991 8	0.975 4	1.154 6	1.034 7	1.049 6	1.168 6	1.048 2	1.007 3	1.263 7	0.937 6	0.963 0
崇左市	0.848 8	0.931 3	0.927 6	0.880 4	0.984 1	1.156 4	0.980 3	1.154 8	1.085 4	1.001 7	1.007 8	0.949 9	1.003 9	0.486 0
重庆市	1.122 1	1.158 1	1.127 7	1.063 2	1.184 1	1.226 7	1.178 7	1.098 8	1.082 5	1.211 7	1.189 3	1.204 2	1.210 6	1.203 8
成都市	1.191 6	1.102 9	1.155 0	1.086 0	1.166 8	1.201 9	1.144 0	1.092 3	1.216 4	1.204 0	1.255 0	1.281 3	1.200 7	1.229 9
自贡市	1.040 9	0.974 9	0.936 5	1.040 9	1.058 5	1.200 3	1.030 5	1.073 2	1.037 9	1.050 2	1.053 2	1.018 5	1.073 7	1.167 4
攀枝花市	1.045 9	1.028 5	1.028 0	0.847 3	0.881 0	0.988 1	1.002 7	1.035 2	1.018 0	1.023 7	1.030 2	1.059 6	0.957 4	0.963 3
泸州市	0.913 3	1.026 0	1.057 6	0.970 4	1.032 0	1.184 2	1.089 2	0.935 3	1.012 8	1.036 4	1.056 5	1.133 2	0.931 4	1.062 7
德阳市	0.974 6	0.977 8	1.005 0	0.700 7	1.122 3	1.136 6	1.084 7	1.069 8	0.938 9	1.069 9	1.196 4	1.038 4	1.064 1	0.945 8
绵阳市	1.012 5	0.987 2	0.873 8	0.789 1	1.154 2	1.162 9	1.125 9	0.958 6	1.020 7	0.990 0	1.114 4	1.114 4	1.134 4	1.337 4
广元市	0.955 9	1.797 0	0.531 6	0.757 8	1.042 0	1.285 2	1.599 7	1.060 5	1.075 3	0.973 4	1.110 7	1.146 6	0.839 9	1.047 5
遂宁市	0.554 6	1.159 3	1.027 8	0.763 5	0.439 9	1.209 0	1.576 6	0.516 6	0.945 3	0.953 6	1.007 4	0.949 7	1.689 5	0.514 9
内江市	1.019 4	1.120 6	1.032 6	1.033 4	1.103 4	1.222 6	0.973 8	1.091 2	0.995 5	0.876 7	1.028 0	1.316 7	0.935 2	1.036 6
乐山市	0.933 1	1.013 9	1.096 9	0.842 0	0.984 9	1.209 1	1.031 5	0.984 1	0.979 4	0.985 9	1.045 1	1.092 9	1.150 1	1.147 7

（续）

城市	2006年	2007年	2008年	2009年	2010年	2011年	2012年	2013年	2014年	2015年	2016年	2017年	2018年	2019年
南充市	1.160 7	1.050 5	0.970 1	1.021 8	1.006 1	1.031 6	1.098 3	0.985 1	1.043 9	1.052 4	0.964 2	1.104 2	1.669 5	0.663 8
宜宾市	0.936 0	1.181 7	1.032 6	0.964 8	0.970 1	1.204 2	1.040 1	0.950 4	1.019 3	1.052 2	1.106 1	1.339 8	0.947 7	1.159 1
广安市	1.168 5	0.884 0	1.035 7	1.031 4	1.019 7	1.119 0	1.107 9	0.765 0	1.092 6	1.003 1	0.920 3	1.376 7	1.139 5	0.960 3
达州市	0.976 1	1.284 0	1.137 0	0.939 8	1.158 9	1.077 1	1.010 6	1.073 2	0.674 7	1.006 1	0.960 6	0.959 9	1.090 3	1.283 8
资阳市	0.643 8	1.000 5	1.037 0	0.973 6	0.884 8	1.681 5	1.101 4	0.933 0	0.967 2	0.839 1	0.632 7	0.965 1	1.293 0	0.635 9
眉山市	0.994 0	0.974 3	1.055 8	1.023 4	0.955 6	1.086 2	1.037 3	1.067 2	1.145 1	1.050 7	0.921 4	1.004 3	1.040 0	1.012 9
巴中市	0.893 4	1.039 1	0.795 5	0.961 8	1.165 0	1.203 3	1.016 5	1.010 2	0.938 4	0.551 2	0.475 9	0.573 2	0.917 5	0.611 3
雅安市	0.941 9	0.986 7	0.915 4	0.890 4	0.683 8	1.278 9	0.939 3	1.078 8	0.755 1	0.994 9	1.185 2	1.046 2	1.014 2	0.989 8
贵阳市	1.009 7	0.955 3	1.116 5	0.964 8	1.053 4	0.972 2	0.893 2	1.050 9	0.982 6	1.018 9	1.029 3	0.945 2	0.983 5	0.988 2
六盘水市	1.031 7	1.122 0	1.321 7	1.069 3	1.065 1	1.053 1	0.801 7	0.934 5	0.963 5	0.950 1	1.138 1	0.939 1	1.186 4	0.824 7
遵义市	1.061 8	1.083 8	0.775 8	0.951 1	1.110 2	0.946 8	0.909 1	1.048 2	0.991 0	1.088 9	1.081 9	1.064 2	1.057 7	1.147 8
安顺市	0.630 5	0.491 7	1.044 3	0.720 0	0.643 3	0.575 0	0.949 2	0.893 7	0.850 9	0.619 8	1.459 9	1.001 3	1.285 0	0.729 0
毕节市	0.817 3	1.431 3	0.876 3	1.059 4	0.994 2	1.498 3	0.776 3	1.268 6	1.064 8	0.983 0	0.986 0	1.165 5	1.164 4	1.199 9
铜仁市	1.040 8	1.036 0	1.056 3	1.063 5	1.038 4	1.063 9	0.854 4	0.928 1	1.169 7	1.180 8	1.092 7	0.984 4	1.127 0	1.143 8
昆明市	1.061 6	1.254 2	0.971 3	0.992 4	0.917 2	1.100 7	1.210 2	0.984 2	1.075 8	1.009 0	0.944 5	1.024 8	0.989 1	1.155 7

（续）

城市	2006年	2007年	2008年	2009年	2010年	2011年	2012年	2013年	2014年	2015年	2016年	2017年	2018年	2019年
昭通市	1.169 3	0.963 3	1.074 8	0.954 1	1.047 3	0.986 7	1.099 9	1.047 0	1.006 0	0.979 5	1.146 8	1.102 5	0.925 9	1.052 9
曲靖市	1.035 3	1.110 5	1.119 9	1.112 5	1.059 6	1.005 0	0.920 6	0.864 3	0.988 1	0.662 6	0.981 5	1.103 2	1.037 8	0.520 7
玉溪市	0.947 2	1.048 2	1.035 3	0.927 7	0.891 2	1.110 5	1.073 0	0.757 1	0.994 3	0.997 2	0.924 1	1.062 7	0.973 1	0.615 6
普洱市	0.858 9	0.920 6	1.030 8	0.923 7	0.935 4	0.738 3	1.094 5	1.067 0	0.986 9	1.024 2	1.068 5	1.040 1	0.997 4	1.220 6
保山市	0.436 1	0.852 0	1.002 0	0.538 1	0.635 2	0.928 9	0.722 2	0.987 2	0.736 8	0.861 5	1.032 1	1.600 1	0.962 6	1.037 4
丽江市	1.039 0	1.000 9	0.981 0	0.840 9	1.034 9	0.725 0	1.069 8	1.070 2	1.156 7	1.070 2	1.037 9	1.116 8	0.958 2	0.969 7
临沧市	1.003 1	1.035 6	0.995 4	0.446 9	1.045 9	1.050 0	0.936 3	1.048 6	0.545 3	1.064 0	0.997 4	1.025 1	1.022 3	1.049 8
西安市	1.291 4	1.265 1	1.376 7	1.310 1	1.350 5	1.430 4	1.453 7	1.413 1	1.431 1	1.420 7	1.401 3	1.459 7	1.499 6	1.515 6
铜川市	1.169 4	0.934 5	0.998 5	1.055 5	1.071 8	1.063 6	0.876 4	1.046 1	1.010 2	0.966 9	1.121 9	1.038 0	0.798 2	0.978 6
宝鸡市	0.872 0	1.055 5	0.838 5	1.047 8	1.185 0	1.095 2	1.023 6	0.910 2	0.821 9	0.940 3	1.123 9	1.088 4	1.038 3	0.979 8
咸阳市	1.022 9	0.962 4	1.037 4	0.780 5	1.035 0	1.044 8	1.183 8	0.925 3	1.013 7	0.954 7	1.366 4	0.923 8	1.011 6	0.950 3
渭南市	0.398 0	1.022 0	0.816 4	1.036 1	0.982 0	0.992 5	1.060 0	1.045 3	0.966 6	0.993 0	0.970 8	1.288 0	1.048 6	0.958 2
汉中市	0.840 1	1.069 1	1.006 1	0.886 3	0.932 8	1.123 8	0.986 0	1.147 0	0.994 0	0.956 5	0.925 7	1.240 4	1.518 0	1.438 2
安康市	0.985 2	0.823 1	0.952 7	1.016 6	1.064 7	1.052 5	1.020 3	0.959 7	1.036 1	1.049 1	1.399 7	0.877 6	1.304 0	1.051 8
商洛市	0.687 7	0.974 1	1.122 5	1.042 0	0.963 1	1.003 9	1.018 4	1.024 1	0.981 2	1.051 9	0.985 7	0.946 9	1.186 1	0.949 7

（续）

城市	2006年	2007年	2008年	2009年	2010年	2011年	2012年	2013年	2014年	2015年	2016年	2017年	2018年	2019年
延安市	0.708 9	1.007 7	1.060 3	0.888 0	1.027 6	1.128 2	1.078 0	1.050 4	0.965 9	0.803 6	1.092 3	1.039 1	1.104 4	0.883 3
榆林市	1.051 4	1.050 2	0.883 6	0.934 0	1.196 2	1.112 2	1.607 5	0.677 0	0.806 2	0.992 3	1.102 6	1.003 5	1.086 1	1.011 5
兰州市	1.067 6	1.099 6	1.094 8	1.123 3	1.058 6	0.982 4	1.133 5	1.132 6	1.113 5	1.050 9	1.115 2	1.190 4	1.187 9	1.167 3
嘉峪关市	1.075 2	1.113 9	1.095 6	0.966 2	0.989 3	1.016 5	1.061 4	0.941 6	0.961 6	0.890 4	0.901 3	1.245 4	1.126 8	0.901 1
金昌市	0.943 5	1.233 2	0.856 5	1.082 1	0.951 9	0.930 0	0.902 6	1.270 5	0.775 0	1.085 5	0.902 4	0.875 4	0.982 4	1.074 8
白银市	0.931 6	1.059 1	0.997 8	0.935 2	0.987 0	1.157 1	1.031 1	1.168 4	1.024 8	1.027 1	1.175 9	1.055 0	0.953 8	0.918 9
天水市	0.909 0	0.821 8	1.000 5	1.078 2	0.945 0	1.012 9	0.988 6	1.035 2	1.040 3	1.153 1	1.104 4	1.072 8	1.008 0	0.917 7
酒泉市	1.006 2	0.962 3	1.016 2	1.035 4	0.993 6	0.925 6	0.965 9	1.115 1	0.890 2	0.944 4	1.366 2	1.011 4	0.956 6	0.955 3
张掖市	0.924 4	1.114 4	1.118 3	1.283 6	0.702 6	1.101 5	0.848 6	0.998 2	1.075 3	0.923 6	0.972 9	1.099 9	0.887 0	0.746 9
武威市	1.049 7	0.897 0	1.093 6	0.952 3	0.943 9	1.231 8	0.982 6	0.538 5	1.052 5	1.038 5	1.056 8	1.026 9	1.062 8	1.004 8
定西市	0.886 3	0.860 7	0.933 3	0.936 4	0.959 7	0.650 6	1.008 4	1.000 4	0.455 0	1.063 7	1.020 1	1.065 4	1.029 8	1.029 2
陇南市	0.316 1	0.869 3	0.623 4	0.945 5	0.937 5	1.017 5	0.995 0	0.779 5	1.228 0	0.891 2	1.069 8	1.120 2	0.734 0	1.036 5
平凉市	0.748 6	0.950 4	0.357 3	0.442 0	0.637 0	1.014 2	0.838 2	1.044 6	0.992 5	0.692 6	0.558 6	0.980 9	0.921 5	0.628 0
庆阳市	0.420 1	1.044 1	1.123 8	0.412 1	0.489 1	1.039 2	1.056 6	0.574 8	0.812 8	0.316 4	0.954 5	0.876 3	0.985 2	0.982 5
西宁市	1.090 1	0.988 3	0.970 2	0.869 8	1.138 6	0.967 1	0.964 7	0.967 3	0.987 4	1.002 7	1.151 3	1.027 7	1.061 0	0.990 9

（续）

城市	2006年	2007年	2008年	2009年	2010年	2011年	2012年	2013年	2014年	2015年	2016年	2017年	2018年	2019年
海东市	0.309 1	0.964 2	1.000 1	1.068 9	0.761 5	0.693 1	0.602 6	0.698 4	1.088 2	0.760 5	0.744 9	0.794 1	0.787 5	0.727 9
银川市	1.068 8	1.146 6	1.006 5	1.127 6	0.829 9	0.840 4	0.987 8	0.979 3	1.071 8	1.132 7	1.002 7	0.640 9	0.979 2	0.905 8
石嘴山市	0.920 0	1.065 9	1.056 7	1.020 8	0.514 0	0.998 0	0.971 0	0.891 5	0.963 2	0.533 6	1.040 0	0.905 4	1.241 2	0.606 2
吴忠市	0.982 1	0.692 8	1.007 6	1.073 2	1.083 1	1.240 8	1.176 4	0.915 6	1.032 9	0.902 4	1.322 1	1.013 8	1.061 8	1.051 4
中卫市	0.923 1	0.843 1	1.027 1	1.168 0	0.923 1	1.026 6	1.139 6	0.914 2	1.036 4	0.904 1	0.996 5	1.145 9	1.178 9	1.061 4
固原市	1.036 5	0.974 5	0.706 9	1.403 8	1.020 7	0.685 8	0.498 7	1.483 7	1.065 5	0.646 5	1.084 8	0.938 6	1.267 0	1.269 8
乌鲁木齐市	0.949 3	1.176 3	0.963 8	1.396 4	1.004 0	1.122 1	0.790 3	0.997 6	1.063 0	1.079 9	0.980 7	1.017 8	1.047 3	1.024 1
克拉玛依市	1.016 6	0.999 1	1.135 2	0.957 5	1.021 4	0.878 2	0.877 4	0.934 1	1.116 8	0.928 1	1.144 2	1.147 0	1.092 2	1.046 1
呼伦贝尔市	0.990 5	0.992 7	1.010 1	0.731 8	1.100 4	1.496 2	0.960 2	0.686 1	1.041 8	1.053 7	1.062 9	0.914 7	1.004 9	1.029 6
通辽市	1.061 1	1.023 9	1.054 1	1.054 1	0.994 0	1.072 4	0.892 8	1.004 7	1.000 0	0.998 0	1.121 5	0.890 7	0.966 7	0.738 6
赤峰市	0.954 3	1.055 8	1.042 2	1.199 7	1.072 4	0.945 5	1.146 2	0.997 5	1.006 7	1.037 1	1.183 6	1.078 8	0.994 0	1.025 5
沈阳市	1.078 6	1.029 4	1.035 0	1.049 1	1.182 6	1.035 0	1.010 6	0.958 1	0.962 6	1.299 1	1.198 7	1.127 4	1.148 7	1.249 0
大连市	1.283 9	1.003 7	1.018 7	1.012 1	1.159 0	0.952 5	1.009 1	1.003 9	0.954 5	1.366 6	1.183 2	0.907 6	1.044 8	1.100 7
鞍山市	1.019 9	0.861 0	0.953 4	0.976 3	1.086 6	0.897 3	0.929 6	0.989 4	0.929 9	0.976 4	1.011 1	1.000 6	1.065 9	0.833 5
抚顺市	1.088 4	0.979 0	0.889 3	0.916 3	1.103 8	0.958 7	0.966 9	1.051 6	0.985 0	1.033 9	1.097 6	0.667 3	1.091 4	0.760 0

（续）

城市	2006年	2007年	2008年	2009年	2010年	2011年	2012年	2013年	2014年	2015年	2016年	2017年	2018年	2019年
本溪市	0.990 0	1.023 3	1.000 1	0.993 8	1.061 2	0.887 2	0.940 6	1.027 8	0.925 9	1.020 7	1.004 8	1.009 2	0.956 3	0.950 1
丹东市	0.897 7	0.976 0	0.828 5	0.953 5	1.054 4	0.971 0	0.881 9	1.106 6	0.981 2	1.009 1	1.006 2	0.955 8	0.749 8	0.603 3
锦州市	1.002 9	1.006 6	0.978 6	0.966 8	0.739 5	1.039 4	1.007 5	1.154 0	1.166 1	0.803 3	1.006 4	1.011 6	1.105 6	0.904 9
营口市	0.981 1	0.874 4	1.072 0	0.914 0	1.032 4	1.220 6	1.087 1	0.967 5	0.940 8	1.068 8	1.043 8	1.022 8	1.073 7	1.079 1
阜新市	0.958 2	0.953 8	1.000 8	0.948 1	0.947 7	0.780 5	0.842 4	1.054 7	1.102 8	1.112 7	0.959 8	0.769 1	0.854 7	0.962 5
辽阳市	0.972 4	1.016 8	1.021 9	0.925 5	1.037 0	0.903 6	0.909 6	1.076 3	1.045 2	1.124 6	1.005 1	1.236 6	1.149 9	0.919 5
铁岭市	0.691 7	0.969 3	0.955 8	1.306 1	0.862 1	1.136 2	1.063 6	1.182 3	1.008 9	0.924 1	0.962 5	1.001 8	1.006 4	1.001 5
朝阳市	0.880 3	0.909 8	1.000 3	0.990 3	1.005 4	1.163 1	0.965 3	1.100 8	1.059 0	1.090 6	1.005 2	1.004 5	0.932 9	0.784 8
盘锦市	0.996 8	0.996 1	0.995 3	0.935 8	1.048 4	1.054 7	0.987 6	0.820 6	1.107 0	1.046 9	1.042 2	1.283 1	1.032 5	1.004 0
葫芦岛市	0.928 7	0.931 0	0.957 8	0.940 7	0.838 7	0.989 0	1.179 6	0.821 7	0.922 0	0.844 5	0.989 7	1.081 9	0.858 5	0.972 5
长春市	1.062 2	0.944 8	0.983 5	0.968 8	1.050 4	1.026 6	1.023 3	1.052 0	1.315 7	1.144 1	1.212 1	1.038 9	1.096 3	1.148 5
吉林市	0.932 3	1.072 5	1.004 6	1.078 1	1.044 9	0.893 4	1.162 1	1.005 2	1.118 1	0.971 2	1.140 3	1.042 6	1.152 4	1.052 3
四平市	0.868 0	0.873 1	0.720 8	0.746 5	1.113 7	1.032 3	1.043 7	1.041 0	0.970 1	1.038 2	1.718 0	0.651 3	1.204 1	0.946 3
辽源市	0.706 2	1.175 0	0.927 6	0.995 8	0.965 0	0.988 9	0.938 7	0.943 0	0.889 7	0.949 5	1.365 9	0.913 8	0.921 9	0.905 2
通化市	0.721 2	0.869 0	1.034 6	0.971 5	1.180 5	0.931 9	1.023 5	0.956 9	1.008 5	0.757 8	1.304 6	1.120 7	0.960 3	0.939 6

（续）

城市	2006年	2007年	2008年	2009年	2010年	2011年	2012年	2013年	2014年	2015年	2016年	2017年	2018年	2019年
白山市	0.781 1	0.836 3	0.950 8	1.114 8	1.141 4	1.122 5	1.045 9	0.979 7	1.001 5	0.951 3	1.436 7	0.979 3	1.084 3	1.021 8
白城市	0.800 1	0.980 1	1.034 2	1.071 3	1.100 0	0.999 6	0.930 4	1.092 4	0.878 5	1.135 2	1.014 6	0.764 6	0.984 3	1.141 8
松原市	0.676 8	0.926 0	1.169 3	0.949 2	0.523 4	0.828 0	1.014 6	0.984 0	0.883 4	1.100 3	1.005 7	0.829 4	0.976 3	0.750 3
哈尔滨市	0.958 8	1.027 6	1.037 0	1.067 8	0.989 5	0.955 1	0.971 0	1.040 3	1.017 9	1.046 4	1.064 8	1.080 3	1.027 2	0.904 6
齐齐哈尔市	0.945 4	1.046 6	1.144 3	0.934 8	0.831 3	0.928 0	0.935 3	0.899 8	1.172 8	0.937 6	1.120 4	0.951 3	0.979 6	0.980 7
牡丹江市	1.077 4	0.977 1	0.835 8	0.842 7	0.891 5	1.347 8	0.976 1	1.029 5	1.076 9	0.709 9	1.192 2	1.317 3	0.892 1	0.798 0
佳木斯市	0.927 7	0.989 5	1.070 2	0.970 2	1.101 7	1.123 5	0.976 1	0.905 5	1.103 2	1.173 5	1.479 8	0.803 8	1.006 3	0.948 7
鸡西市	1.051 3	1.327 2	0.715 3	0.950 3	0.924 4	1.069 6	0.888 4	0.944 3	0.942 8	0.869 3	1.160 9	0.935 3	0.999 1	1.007 0
鹤岗市	0.886 5	0.975 4	0.948 4	0.957 4	0.900 7	1.187 4	0.984 8	0.955 3	0.991 2	1.081 9	0.972 8	1.015 3	1.017 1	1.051 0
双鸭山市	0.821 1	0.971 1	1.070 3	0.972 5	0.856 8	0.968 7	0.938 1	1.025 2	1.026 4	1.048 0	0.942 1	1.109 8	1.113 6	0.831 0
七台河市	0.943 7	0.965 5	1.002 4	1.019 3	0.915 3	1.596 6	0.835 5	0.894 2	0.978 7	0.973 8	1.003 5	1.007 1	1.002 9	0.993 5
黑河市	1.094 3	1.013 3	1.007 1	0.690 8	1.138 0	0.882 8	0.966 7	1.038 4	1.081 0	0.979 1	1.194 3	0.913 5	1.010 9	0.984 0
伊春市	0.711 5	0.800 0	1.122 1	1.091 2	0.862 6	0.931 9	0.965 7	1.092 8	1.129 1	1.108 3	1.288 0	1.016 8	0.972 6	1.106 3
大庆市	0.914 5	1.035 2	1.178 8	0.865 4	1.131 7	1.403 7	0.888 4	1.027 9	1.781 5	1.007 0	0.811 3	0.798 5	1.069 3	0.925 5
绥化市	0.970 0	0.990 6	0.990 9	1.004 7	0.997 1	0.539 8	1.085 4	0.876 2	1.910 2	1.011 8	1.014 6	0.992 0	1.015 1	0.986 1

数据来源：作者计算整理获得。